Sciences et biodiversité

Acteurs, enjeux, temporalités

Sous la direction de
Alexandra Liarsou, Corinne Beck, Florent Kohler,
Michel Kreutzer, Christian Lévêque, Pierre Pech

Sciences et biodiversité

Acteurs, enjeux, temporalités

L'Harmattan

Sciences et biodiversité : acteurs, enjeux, temporalités

Journée d'étude du 12 décembre 2014, Paris, Université Pierre et Marie Curie

Responsabilité et organisation
Alexandra LIARSOU (UMR 7041, ArScAn)

Comité scientifique
Corinne BECK (Université de Valenciennes), Florent KOHLER (Université de Tours), Michel KREUTZER (Université de Nanterre), Christian LÉVÊQUE (IRD, émérite), Alexandra LIARSOU (UMR 7041, ArScAn), Yves LUGINBÜHL (CNRS, Ladyss, émérite), Marie-Christine MARINVAL (Université Paris 1), Pierre PECH (Université Paris 1), Bruno VILLALBA (AgroParisTech)

Avec le soutien de l'Université de Valenciennes et du Hainaut-Cambrésis

Actes

Les auteurs
Delphine GRAMOND (Paris-Sorbonne), Isabelle ARPIN (Irstea), Arnaud COSSON (Irstea), Dorothée DENAYER (Université de Liège), Serge MULLER (MNHN), Clémence EMPRIN (Labex Item, Université de Savoie), Christian PERREIN (Atlas entomologique régional, Nantes), Fanny GUILLET (MNHN), Audrey COREAU (AgroParisTech), Corinne QUELQUEJEU (Eiffage construction), Antonio DOS SANTOS (Université Lille 1), Jean-Claude LEFEUVRE (MNHN)

Textes révisés par
Corinne BECK, Florent KOHLER, Michel KREUTZER, Christian LÉVÊQUE, Pierre PECH, Alexandra LIARSOU

Textes réunis par
Alexandra LIARSOU

5-7, rue de l'Ecole-Polytechnique, 75005 Paris

http://www.librairieharmattan.com
diffusion.harmattan@wanadoo.fr
harmattan1@wanadoo.fr

ISBN : 978-2-343-07675-1
EAN : 9782343076751

Sommaire

Introduction générale

Alexandra Liarsou

Depuis le premier rapport du Club de Rome publié en 1972[1], la conception du capital a progressivement cessé de faire exclusivement référence aux biens produits par les hommes pour englober les systèmes naturels, en tant qu'ils peuvent être dégradés ou améliorés par l'action humaine. Ce nouveau modèle économique, le capitalisme naturel, préconise d'investir dans le maintien, la restauration voire l'accroissement des ressources et habitats dits naturels, considérés comme la plus importante forme de capital[2]. La notion de biodiversité fait partie intégrante des discours et des traités élaborés dans le cadre du modèle économique dit durable.

Au plan politique et à l'échelon international, enrayer l'érosion des formes vivantes est devenu l'une des ambitions internationales prioritaires depuis la Convention des Nations unies de Rio en 1992, objectif réaffirmé à Nagoya en 2010 et renforcé par la création, en 2012, de l'IPBES, la Plateforme intergouvernementale scientifique et politique sur la biodiversité et les services écosystémiques. Les instances internationales de décision (l'ONU notamment) émettent régulièrement, à destination des États, des recommandations visant à promouvoir la mise en œuvre de programmes d'action en faveur de la biodiversité. C'est principalement à l'occasion de conférences mondiales (les Sommets de la Terre) que les pays participants, représentés au niveau gouvernemental, signent des conventions par lesquelles ils s'engagent à satisfaire l'objectif de lutter contre la perte de biodiversité.

À l'échelon de la France, une Stratégie nationale pour la biodiversité a été élaborée en 2004. Au plan institutionnel, le ministère de l'Écologie et du développement durable a créé différentes structures destinées à la préservation de la biodiversité : au niveau régional, les conservatoires, parcs et réserves naturelles ; au niveau national, l'Observatoire de l'Agenda 21 (faisant suite à la ratification du traité de Rio) et l'Observatoire de la biodiversité (faisant suite au Grenelle de l'Environnement de 2007). Les pouvoirs publics ont également mis en place des services déconcentrés, les Comités régionaux de biodiversité et des établissements publics.

À l'échelle mondiale, l'évocation de la biodiversité réfère fréquemment à des réseaux commerciaux d'acteurs internationaux, à de nouveaux intérêts marchands (brevets, labels, filières), à des conflits d'exploitation entre pays industrialisés et pays émergents, etc. Cependant, les enjeux connectés à la biodiversité sont également analysables sous d'autres aspects, tels la manière dont les sciences et les scientifiques impulsent et investissent ce champ de recherche, s'organisent et communiquent dans les réseaux complexes d'acteurs gravitant autour des problématiques liées à la gestion, le maintien et la restauration du vivant.

Des universitaires et des chercheurs sont officiellement associés à la définition de ces orientations politiques. Le ministère de l'Écologie et du développement durable a institué un Conseil scientifique du patrimoine naturel et de la biodiversité. Par ailleurs, les scientifiques sont sollicités pour la production de rapports sur l'état de la faune et de la flore de France, dans le cadre de l'Inventaire national du patrimoine naturel, dont la responsabilité scientifique revient au Muséum national d'histoire naturelle.

La majorité des études sur la conservation, la restauration, la répartition de la faune et de la flore, ainsi que les suivis démographiques, sont effectués par les ingénieurs et techniciens des instituts et établissements publics, tels que l'Institut de recherche en sciences et technologies pour l'environnement et l'agriculture (IRSTEA), l'Institut national de recherche agronomique (INRA) et l'Office national de la chasse et de la faune sauvage (ONCFS). Enfin, des groupements d'intérêts scientifiques ont vu le jour, comme l'Institut Français de Biodiversité, né de la mise en application de la Stratégie nationale pour la biodiversité, aujourd'hui remplacé par la Fondation pour la Biodiversité (FRB), fondation de coopération scientifique.

Les disciplines scientifiques concernées sont principalement issues des sciences de la vie et de la Terre. Elles ont essentiellement une fonction d'expertise auprès des pouvoirs publics dans la lutte contre la perte de biodiversité. Ces sciences de l'action que sont la biologie et l'écologie de la conservation se sont structurées à partir de la fin des années 1960 et ont influencé les politiques publiques de protection environnementale.

Toutefois, depuis plusieurs décennies, une grande partie des sciences humaines et sociales s'intéresse à la question environnementale et à la notion de perte de biodiversité, dans le cadre de différents programmes de recherche, soutenus notamment par le CNRS (programme Environnement, vie et sociétés). Les apports et conclusions de ces champs disciplinaires semblent néanmoins largement ignorés des instances décisionnaires et écartés des choix faits par l'État ou par les Collectivités.

Le premier axe thématique développé dans cet ouvrage est relatif à la compréhension des rôles et statuts qui peuvent être conférés aux différentes sciences ainsi qu'aux scientifiques autour de la notion de biodiversité et de la question des interactions sociétés-environnement. Les contributions ici réunies ont pour ambition de permettre une meilleure caractérisation des façons dont sont investis ces champs de recherches, tant par les sciences de la vie et de la Terre que par les sciences de l'homme et de la société. De quelles façons les sciences se positionnent en tant qu'acteur social ? Qui leur confère leur place ? Quelles en sont les répercussions théoriques, pratiques et médiatiques ? Sont également analysées les connexions pouvant exister entre d'une part, les choix conceptuels et les positionnements épistémiques des différentes disciplines et, d'autre part, la dimension concrète de l'activité de recherche. Un chercheur peut-il raisonner de la même manière s'il se positionne en expert de la perte de biodiversité, tentant d'agir et de se conformer aux résolutions prises par les États, ou s'il se positionne en théoricien de la notion elle-même ?

Cette question conduit à s'interroger sur les différentes conceptions de la *crise* ou des *crises* de biodiversité, second axe thématique de cet ouvrage. Une gestion de la biodiversité implique des objectifs et une action, lesquels s'inscrivent dans un contexte historique, économique, politique, culturel, etc. Les pratiques ainsi mises en œuvre peuvent être objet d'étude pour les sciences humaines et sociales, au même titre que n'importe quel objet social. Ces sciences mettent en perspective les modalités d'action engagées par les politiques publiques et relayées par certains courants scientifiques. La présentation de cas concrets, analysés du point de vue des sciences sociales, permet de discuter les multiples aspects de la prise en considération de la biodiversité sur le terrain par les interlocuteurs concernés. Les propos des auteurs permettent, au-delà, de s'interroger sur les méthodes, les modes d'acquisition des connaissances, les prémisses de raisonnement, la valeur et la portée des conceptions produites autour de la notion de *crise* par les sciences de la vie et de la Terre ainsi que par les sciences humaines et sociales elles-mêmes.

Dans cette optique, la temporalité est privilégiée comme angle d'approche pour caractériser les conceptions de(s) crise(s) de biodiversité, tant du point de vue des définitions élaborées par les différentes sciences que de celui des enjeux de toute nature qu'elles cristallisent. La conceptualisation du temps joue en effet un rôle fondamental dans la construction de ces objets sociaux et hérités que représentent la biodiversité et l'idée selon laquelle elle est actuellement en crise. Les différentes échelles de temps (décennie, millénaire, etc.), en référence auxquelles travaillent les chercheurs, ont également une incidence primordiale sur la façon dont les sciences de la vie d'une part, les sciences humaines d'autre part, appréhendent les interactions des sociétés à leur environnement et dont elles pensent les actions écologiques envisageables.

Notes

[1] Le Club de Rome est un groupe de réflexion international réunissant scientifiques, économistes, fonctionnaires et industriels à partir de 1968. Ce groupe, initialement coordonné par l'ancien directeur scientifique de l'OCDE, se fait connaître par ce premier rapport, *The Limits to Growth* (en français *Halte à la croissance ?*). Effectué par le *Massachusetts Institute of Technology*, ce rapport est généralement envisagé comme la première étude soulignant les dangers écologiques de la croissance économique et démographique à une époque où les sociétés industrielles connaissaient une croissance sans précédent (Trente Glorieuses, 1945-1973).

[2] L'élaboration du modèle de *natural capitalism* est généralement attribuée à Paul Hawken, Amory et Hunter Lovins ; ces auteurs ayant développé leur argumentation et une méthodologie spécifique dans l'ouvrage éponyme publié en 1999. Ils ont par ailleurs cofondés en 1982 le *Rocky Mountain Institute*, centre de recherche américain sur l'énergie.

Partie I — Rôles et statuts des sciences et des scientifiques face à l'enjeu biodiversité : les acteurs institutionnels, les engagements

INTRODUCTION

Alexandra Liarsou, Florent Kohler

L'étude et la préservation de la biodiversité réunissent, avec plus ou moins de contradictions et de succès, de nombreux acteurs institutionnels. L'hétérogénéité et la variété des pratiques administratives, politiques, scientifiques… et donc méthodologiques, font la richesse des recherches qui analysent la mise en œuvre d'une gestion concertée de la biodiversité. Elles font également toute la difficulté d'application de mesures concernant l'environnement et le vivant.

Les chercheurs, en tant qu'individus (avec leurs convictions), en tant que scientifiques (avec leur rigueur méthodologique et leurs spécialités d'étude), en tant que représentants de leur institution (avec des objectifs à satisfaire et une représentativité au sein des problématiques environnementales publiques), sont invités à prendre part aux processus de décisions. Ceux-ci, notamment en fonction de leur champ disciplinaire et de leur expérience, sont loin d'avoir une vision uniforme des finalités de la conservation du vivant, de la nature du débat politique, économique, social, écologique, etc. en jeu autour de la crise de biodiversité. Au-delà, les divergences concernent également la manière de s'insérer ou non dans les organes consultatifs, dans les réseaux d'usages, de hiérarchies ou de normes mis en place. Ces considérations sont détaillées dans un premier chapitre par le biais de trois contributions.

Les auteurs de la première contribution décrivent et analysent par enquête la fonction et le statut des Conseils scientifiques de la biodiversité. Les auteurs rappellent qu'en France ces instances se sont multipliées tout au long des dernières décennies du XXe siècle et jusqu'à aujourd'hui. Au travers de l'étude des avis qui y sont rendus, ils montrent la manière dont s'élaborent et s'enchevêtrent les connaissances scientifiques et les modalités administratives.

Les auteurs précisent que certaines instances sont composées d'individus d'horizons variés, où les scientifiques ne sont pas nécessairement en majorité. Pour exemple, ils évoquent le Conseil national pour la protection de la nature (CNPN), au sein duquel siègent des scientifiques, en qualité de représentants de grands organismes de recherche (CNRS, INRA, IRSTEA, MNHN) ou en qualité de personnalités qualifiées (nommées), mais aussi des représentants de l'administration, des représentants d'associations de protection de la nature et des gestionnaires d'espaces et d'espèces sauvages, comme les Chambres d'agriculture, les organismes de gestion forestière ou les fédérations de chasseurs et pêcheurs. À l'inverse, les auteurs indiquent que d'autres conseils sont principalement composés de scientifiques, comme les Conseils scientifiques des espaces protégés, les Conseils scientifiques régionaux du patrimoine naturel (CSRPN) et le Conseil scientifique de la FRB. La contribution dévoile les conflits et les tensions qui peuvent survenir au cours des concertations, voire impulser d'emblée les positions et propositions de chacun. Les auteurs mettent en exergue les difficultés récurrentes auxquelles se heurtent ces instances pour accomplir leurs activités ainsi que leurs apports aux politiques publiques de conservation de la biodiversité. Les auteurs s'attachent également à comprendre les interactions et modes d'articulation (synergies, recouvrements, etc.) entre ces instances. Par-delà ces aspects, sont questionnées l'utilité de telles instances ainsi que les possibilités pour les chercheurs des différentes disciplines représentées de s'y identifier, d'y exister, d'y exprimer un avis et d'y être entendus ou non.

La deuxième contribution est particulièrement éclairante sur ces derniers points. Par des entretiens auprès de vingt-cinq chercheurs, l'auteur examine les pratiques de recherche de personnes impliquées au niveau national autour de l'Institut Français de la Biodiversité et au niveau local (Paris, Lyon et Montpellier). L'auteur analyse les registres (institutionnel, médiatique, cognitif, politique, sensible) employés pour parler de leurs engagements ainsi que de leurs choix de dispositifs de recherche. L'auteur rappelle que la question de la biodiversité est indissociable de sa protection et que c'est dans la conception des biologistes de la conservation qu'elle trouve son origine ; ces derniers cherchant des moyens d'alerter l'opinion et les pouvoirs publics sur une situation qu'ils jugent préoccupante. Ainsi, la contribution se focalise sur les représentations des chercheurs en sciences de la vie, qui joueraient un rôle majeur dans la constitution de cette réflexion.

L'auteur développe un propos centré sur le positionnement des chercheurs concernant la biodiversité, avec tout ce que ceci peut avoir de subjectif et d'idéologique. Les représentations des chercheurs permettent de concevoir et d'expliquer quelles sont les dynamiques animant les problématiques environnementales actuelles (panoramas, orientations dominantes et minoritaires) ainsi qu'éventuellement, de prédire leurs évolutions (changements d'objectifs prépondérants par exemple). L'étude effectuée par l'auteur permet également de comprendre comment les scientifiques élaborent explicitement et implicitement (contenu latent) la question et comment ils se représentent leur place et moyens d'action/insertion dans le débat, le tissu des organismes de gestion et les enjeux de pouvoir actuels. La contribution met en évidence que les opinions sont loin d'être uniformes et que le positionnement à adopter concernant la gestion de la biodiversité fait débat au sein des sciences de la vie.

L'étude de l'usage des différents registres discursifs permet à l'auteur de distinguer quatre postures, qui impulsent différentes visions des enjeux environnementaux, des moyens pour les chercheurs de se prononcer sur cette question sociale et de se positionner dans le réseau d'acteurs travaillant sur le thème.

Revenant à l'exemple des Conseils scientifiques, nous pouvons enfin nous demander l'incidence concrète du travail effectué dans ce type d'instances et le poids de la contribution apportée à l'évolution des stratégies de gestion de la diversité du vivant. C'est notamment à cette question que répond la dernière contribution de cette première partie, avec une étude du rôle des sciences de la conservation sur le développement des connaissances et les décisions prises en faveur de la biodiversité.

Pour des raisons théoriques, pratiques, idéologiques, etc., il n'est pas aisé pour le chercheur de proposer des solutions concrètes et applicables pour gérer la biodiversité, de s'insérer dans le réseau décisionnel que constitue la chaîne des acteurs publics s'occupant de la biodiversité, ni même de percevoir sa propre efficacité. Or, parmi les sciences qui s'intéressent à la biodiversité, les sciences de la conservation sont des sciences de l'action. Les auteurs indiquent que ces sciences se définissent comme une discipline de crise ayant pour objectif d'enrayer l'érosion de la biodiversité et, qu'en conséquence, elles portent un engagement social.

Les auteurs proposent, avec l'exemple du dossier d'extension de la démoustication à la Camargue préservée jusqu'en 2006, d'analyser les processus d'élaboration de la connaissance scientifique menant à la décision politique et à une mise en œuvre effective par l'administration. Les auteurs rappellent qu'il existe toute une série de stratégies pour mettre en forme les informations, les porter et les adresser, que les scientifiques ou les autres acteurs en capacité de s'en saisir peuvent déployer. La contribution vise à éclairer la manière dont l'engagement social des sciences de la conservation est présent et relayé chez les chercheurs. L'analyse passe, selon les auteurs, par deux critères d'examen ; le premier est la relation aux pouvoirs et aux institutions : les connaissances produites ont-elles fait l'objet d'une commande publique ou proviennent-elles de l'initiative propre des scientifiques ? Le second est le lieu de leur mobilisation : les connaissances sont-elles mobilisées dans un cadre national ou régional ou sont-elles déployées dans des systèmes de gestion locaux ? Cela pose le problème de la relation des scientifiques aux acteurs impliqués *de facto* dans la gestion directe de la biodiversité.

Les conseils scientifiques des institutions de conservation de la nature et de développement durable. Une approche par le vécu d'instances entre science et gestion

Isabelle ARPIN, Arnaud COSSON, Dorothée DENAYER,
Jean-Claude LEFEUVRE, Serge MULLER

Introduction

Les gestionnaires de la nature comme les chercheurs en sciences de la vie mettent volontiers en avant la nécessité de mieux connaître pour mieux protéger. Il est cependant fréquent que les connaissances produites par les scientifiques ne débouchent pas sur des mesures de conservation et, symétriquement, que les mesures de conservation ne reposent pas sur des formes de connaissances scientifiquement validées.

Bien loin d'aller de soi, le lien entre la connaissance de la nature et sa gestion doit être construit et entretenu par une implication continue des chercheurs et des gestionnaires (Granjou et collaborateurs, 2014). Plusieurs manières de constituer ce lien ont été identifiées dans la littérature, dont la création d'organisations-frontières entre science et gestion, le recrutement de scientifiques par des institutions gestionnaires ou la formation de gestionnaires par des chercheurs (Cook et collaborateurs, 2013). Il existe en France des instances originales qui entendent jouer ce rôle : les conseils scientifiques (CS) des institutions de conservation de la nature et de développement durable des territoires. Ces conseils se rapprochent des organisations-frontières sans avoir été étudiés en tant que tels, à notre connaissance du moins. Le présent article entend en proposer une première analyse.

Les CS sont composés de spécialistes appartenant à un grand nombre de disciplines des sciences de la vie et de la terre et des sciences humaines et sociales. Sans être membres des conseils, des salariés des institutions gestionnaires auprès desquelles les conseils sont placés participent eux aussi aux séances. Les conseils scientifiques se trouvent ainsi à l'interface entre sciences et gestion de la nature. Ils ont en quelque sorte anticipé la demande faite aux scientifiques de concevoir leurs recherches en réponse à des problèmes concrets et en lien avec d'autres disciplines, comme en témoigne la préférence donnée par les institutions de financement de la recherche publique comme l'Agence nationale de la recherche (ANR) aux projets associant sciences de la vie et de la terre et sciences humaines et sociales et impliquant des « acteurs locaux » (Hessels 2009 ; Louvel 2011). Apparus après la Seconde guerre mondiale avec la création en 1946 du Conseil national de la protection de la nature (CNPN), ces conseils sont aujourd'hui nombreux. Un recensement qui reste à affiner suggère qu'il en existe près de deux cents en France (voir partie « Missions et fonctionnement »). À raison de dix à vingt membres par conseil et de une à quatre séances par an (parfois davantage), le temps qui leur est consacré représente plusieurs milliers de journées-hommes par an, soit une contribution potentiellement considérable à la conception et à la mise en œuvre des politiques de la nature au sens large.

De manière croissante, les conseils scientifiques font l'objet d'une attention soutenue des gestionnaires d'espaces et de responsables administratifs et politiques. Plusieurs colloques organisés par des institutions gestionnaires de la nature et des territoires leur ont été consacrés[1] ; ils ont fait l'objet de notes (Letourneux 2008 ; Leblanc 2009) et de rapports qui ont émis des préconisations pour fixer ou améliorer leur organisation, leur fonctionnement et leurs interactions. Pour prendre des exemples récents, citons le rapport Lefeuvre et Vial (2009) sur le CNPN, l'avis « Pour une expertise scientifique dans la gestion des espaces protégés » du Conseil économique et social de la région PACA (2010), le rapport Schmitt (2012) sur la gouvernance de la biodiversité. Curieusement, ils ont été très peu étudiés par les chercheurs en sciences humaines et sociales (SHS), à l'exception d'études ponctuelles et éparses sur les conseils scientifiques d'espaces protégés (Selmi 2006 ; Delclaux 2014 ; Boudouresque et collaborateurs, 2013). Les CS constituent pourtant un des lieux de négociation et de mise à l'épreuve des relations entre science et politique[2] dans le domaine environnemental. Nous observons donc un manque d'analyse de ces instances qui s'appuie, notamment, sur les méthodes et les acquis de la sociologie des sciences. Parmi ces appuis figure l'idée que la frontière entre science et politique est construite plutôt que donnée et qu'elle se déplace en permanence sous l'effet du travail des acteurs pour (re)définir ce qui relève de la science et ce qui relève de la politique (Gieryn 1983 ; Jasanoff 2009). En termes de méthodes, la sociologie des sciences a amplement démontré, à travers une gamme d'enquêtes empiriques menées ces dernières décennies, l'intérêt de documenter la « science en action » (Latour 1989) et de s'intéresser aux pratiques concrètes des scientifiques. Leur participation à des conseils scientifiques correspond à l'une des nombreuses situations dans lesquelles ils se trouvent engagés. Cet article entend contribuer à décrire cet investissement particulier et à l'analyser.

Un bon moyen d'appréhender le fonctionnement et la vie des conseils scientifiques consiste à saisir les expériences vécues par ceux qui s'y impliquent ou se sentent concernés par ces instances : telle a été l'idée de départ de ce travail. Une grande attention y est donc accordée aux satisfactions, aux tensions, aux frustrations et aux attentes des conseillers et des gestionnaires[3]. L'article commence par une présentation des conseils et de leur évolution : la première partie propose une périodisation de leur histoire et expose leurs principales missions et leur fonctionnement. Les parties suivantes mettent en avant deux caractéristiques importantes des conseils qui apparaissent nettement à la lumière des expériences vécues : d'une part leur positionnement à la frontière entre science et gestion, source de satisfactions et de tensions spécifiques et, d'autre part, le décalage chronique et grandissant entre l'importance des missions qui leur sont confiées et les moyens mis à leur disposition, à l'origine de frustrations, de déceptions et de tentatives pour y remédier. Nous conclurons par les implications des réflexions développées et par des propositions d'amélioration du fonctionnement des conseils.

Ce travail repose sur deux enquêtes exploratoires actuellement approfondies dans le cadre d'une thèse. La première, qui s'est déroulée de décembre 2012 à mars 2013, visait à éclairer les attentes, les motivations et les trajectoires d'engagement des membres des conseils. Elle s'est notamment appuyée sur une campagne d'entretiens auprès de membres du CNPN et de plusieurs conseils scientifiques de parcs nationaux (Arpin et collaborateurs 2015). La deuxième enquête[4] a porté sur cinq conseils scientifiques d'espaces protégés des Alpes du Nord (parc national de la Vanoise, parc naturels régionaux du Vercors, des Bauges, de la Chartreuse et réserves naturelles de Haute-Savoie). Au total, 75 entretiens semi-directifs ont été effectués auprès de membres des conseils scientifiques et des institutions auxquelles ils sont rattachés[5]. Les personnes interviewées ont été choisies de manière à diversifier au maximum les situations (notamment en termes de rattachement disciplinaire et institutionnel, de degré d'implication dans le conseil et d'ancienneté de l'implication). Ces enquêtes exploratoires se sont déroulées dans une période d'incertitude et d'inquiétude, liée notamment à la création de la future Agence française de la biodiversité[6]. Une telle période a sans doute favorisé l'expression des enquêtés concernant leurs expériences au sein des conseils et, aussi, l'affirmation et la défense de l'intérêt et de la valeur ajoutée d'instances dont le maintien n'est pas toujours assuré. Les entretiens ont été complétés par une observation de séances des conseils considérés et par une analyse documentaire (ordres du jour et comptes rendus des séances plénières, lancement d'appels à projets). L'article s'appuie aussi sur les expériences personnelles des auteurs, tous fortement impliqués dans divers conseils scientifiques[7]. Sans déterminer les conclusions de l'article, l'expérience personnelle des auteurs est donc venue enrichir l'analyse.

Présentation des conseils scientifiques

Cette première section vise à apporter des éléments de connaissance de base sur les conseils et leur évolution.

Essai de périodisation

L'histoire des conseils scientifiques est déjà longue de plusieurs décennies. Elle a été marquée par une augmentation continue de leur nombre et des évolutions importantes de leur fonctionnement. Son appréhension nécessite de tenir compte, même sommairement dans le cadre contraint d'un article[8], à la fois de l'évolution de la recherche scientifique, en termes d'organisation et de contenu, et de l'évolution des politiques de la nature. Quatre grandes périodes peuvent alors être distinguées :

Fin de la seconde guerre mondiale - début des années 1970 : rareté et renommée

Le CNPN est créé en 1946 auprès de la Direction générale de l'architecture au ministère de l'Éducation nationale, avec comme mission première de proposer la création de réserves naturelles et de parcs nationaux. Les conseils scientifiques demeurent très peu nombreux dans les deux décennies qui suivent. Les espaces protégés sont encore rares et leur décret de création ne prévoit pas toujours un conseil scientifique. C'est le cas en Vanoise où « l'oubli » du conseil scientifique dans le décret est cependant réparé dès la première réunion du conseil d'administration du parc national. Créé en 1970, le parc naturel régional du Vercors ne dispose d'un conseil scientifique que huit ans plus tard[9]. La plupart des scientifiques qui siègent dans les quelques conseils existants sont de très grands noms de la recherche française en sciences de la vie et de la terre et plusieurs d'entre eux ont exercé des responsabilités internationales dans le domaine de la conservation de la nature et notamment dans la création de l'UICN (alors UIPN). Par exemple, Louis Emberger et Henri Gaussen siègent au CNPN (Lefeuvre et Vial 2009, p. 3), Clément Bressou[10] au CNPN et au conseil scientifique du parc national de la Vanoise, dont le premier président est Paul Vayssière[11].

Début des années 1970 - début des années 1990 : la période des conseils militants

Les politiques de la nature s'affirment nettement à partir du début des années 1970, à l'échelle internationale et nationale, avec notamment l'Année européenne de la conservation de la nature en 1970, la création du ministère de l'Environnement en 1971, le premier Sommet de la Terre à Stockholm en 1972, la loi n°76-629 du 10 juillet 1976 relative à la protection de la nature.

Tout au long des années 1970, les grands projets d'équipement génèrent des luttes acharnées (par exemple contre le nucléaire et l'agrandissement du camp militaire du Larzac). À peu près dans le même temps, la biologie moléculaire et la génétique s'affirment dans les sciences de la vie, au détriment des disciplines de terrain comme l'écologie et plus encore la systématique (Kohler 2002). La montée de l'écologie comme mouvement politique s'accompagne ainsi de son recul relatif comme discipline scientifique. La pression à la publication dans les revues internationales s'accroissant, les revues des espaces protégés attirent de moins en moins les chercheurs les plus académiques. Les évolutions mentionnées se combinent pour les écarter de conseils scientifiques qui deviennent un des lieux possibles du militantisme en faveur de la protection de la nature. La tendance se renforce après « l'affaire de la Vanoise » (Mauz 2003 ; Charvolin 2012), à la charnière des années 1960 et 1970 : le projet de construire une station de sports d'hiver dans la zone centrale du premier parc national français suscite une très forte mobilisation et favorise l'entrée en militance de scientifiques comme Philippe Lebreton[12] ou Jean-Pierre Raffin. Leur intervention dans des conflits environnementaux et les victoires qu'ils remportent contre les aménageurs permettent aux conseils scientifiques de se présenter comme les garants des valeurs de la conservation de la nature.

Début des années 1990 - milieu des années 2000 : institutionnalisation et académisation

Au cours de cette période, le rôle d'avis des conseils scientifiques s'affirme et s'institutionnalise, par exemple dans les Conseils scientifiques régionaux du patrimoine naturel (CSRPN), créés en 1991 mais aussi dans les conseils scientifiques des parcs nationaux et des réserves naturelles, avec le suivi de la démarche Natura 2000[13] et l'examen des plans de gestion. Du côté de la science, la réduction progressive du financement public des recherches incite les scientifiques à sortir des laboratoires pour devenir des « managers » (Louvel 2011) et à nouer des liens étroits avec d'autres acteurs. Dans le domaine des sciences de la vie, le début des années 1990 voit l'inscription de la biodiversité à l'agenda international (Takacs 1996) puis national. L'émergence de la biologie de la conservation, conçue comme une science « de mission » (Meine et collaborateurs 2006), permet de concilier l'écologie comme discipline scientifique et comme engagement en faveur de la conservation de la nature. En se dotant de revues internationales indexées comme *Biological Conservation*[14], elle ouvre des débouchés académiques à des scientifiques désireux de mettre leur travail au service de la conservation de la nature sans avoir à s'engager dans des associations militantes, qui de leur côté se professionnalisent. Les institutions chargées de la conservation et de la gestion de la nature commencent en outre à avoir des jeux de données suffisamment anciens et étoffés pour intéresser les chercheurs, en particulier ceux qui recourent à la modélisation (Mauz et Granjou 2013). Pour toutes ces raisons, le militantisme apparaît de moins en moins à sa place dans les conseils et les conseillers militants de la période précédente, à la combativité parfois émoussée par des décennies de lutte, perdent de leur pouvoir d'influence avant de quitter les conseils ou d'en être évincés.

Milieu des années 2000 à aujourd'hui : participation et pénurie

La montée de l'impératif délibératif (Blondiaux et Sintomer 2002) qui a été décrite pour l'action publique en général est particulièrement sensible dans les politiques de la nature. Elle se manifeste par exemple à travers des dispositifs de concertation nationaux comme le Grenelle de l'environnement (2007, voir Boy et collaborateurs (2012)) et des évolutions législatives comme la nouvelle loi n° 2006-436 du 14 avril 2006 relative aux parcs nationaux, aux parcs naturels marins et aux parcs naturels régionaux (Cosson 2014). Cette montée de l'impératif délibératif se traduit par une augmentation sensible de la place des chercheurs en SHS dans la composition des conseils scientifiques. Même si cette évolution ne se traduit pas toujours complètement dans les faits, elle n'en est pas moins réelle et il est signifiant que plusieurs conseils scientifiques soient aujourd'hui présidés par des chercheurs en SHS[15]. L'idée selon laquelle l'inclusion de chercheurs en SHS constitue une manière de faire participer la société et pourrait aider les institutions à développer les démarches participatives et à désamorcer les conflits n'est pas étrangère à cette tendance. Une autre évolution majeure de cette période est la réduction parfois drastique des moyens financiers et humains des institutions gestionnaires et scientifiques et leur réorganisation selon les principes du *new public management*. C'est donc dans un contexte de crise et de néolibéralisation de la nature et de sa conservation (Castree 2008a, Castree 2008b, Igoe and Brockington 2007) qu'un nombre croissant de conseils scientifiques doivent aujourd'hui effectuer une tâche devenue de plus en plus volumineuse.

Missions et fonctionnement

Les conseils scientifiques diffèrent fortement entre eux par le statut de l'institution à laquelle ils sont rattachés, leur échelle d'action (du local au national), l'objet considéré (un type de territoire labellisé comme une réserve naturelle, un parc naturel régional ou un parc national ou un élément naturel comme l'eau, la forêt, la faune sauvage), leur ancienneté, leur composition ou encore leur niveau d'activité (*cf.* encart)[16].

Les conseils scientifiques des institutions de conservation de la nature et du développement durable des territoires en France aujourd'hui, un premier état des lieux

Échelle nationale

CNPN (création en 1946, 40 membres dont 20 nommés)
CSPNB (création en 2004, 25 membres)
Conseil scientifique de la FRB17 (création en 2008, 20 membres)
Conseil scientifique du conservatoire du littoral (12 membres)
Conseil scientifique de l'agence des aires marines protégées (10 membres)
Conseil scientifique de l'ONEMA (28 membres)
Conseil scientifique de l'ONCFS (10 membres)
Conseil scientifique de l'ONF (15 membres)
Conseil scientifique de Parcs nationaux de France (20 membres)
Conseil d'Orientation, de Recherche et de Prospective de la Fédération des parcs naturels régionaux de France (création en 2007, 26 membres)

Échelle interrégionale, régionale et départementale

CSRPN : 1 par région, soit 22
Conseils scientifiques des conservatoires botaniques nationaux : 11
Conseils scientifiques des Comités de Bassins (Agences de l'Eau) : 6
Conseils scientifiques des conservatoires d'espaces naturels
Conseils scientifiques des estuaires : 3

Espaces protégés

Conseils scientifiques des parcs nationaux : 11 (10 parcs nationaux et conseil scientifique du GIP FCB)
Conseils scientifiques des parcs naturels régionaux : 51
Conseils scientifiques des réserves naturelles : 80 (Therville 2013 : 94)
Les réserves de biosphère, les grands sites et les géo-parcs ont également des conseils scientifiques parfois communs à d'autres espaces.

Total : plus de 180 conseils scientifiques

Leur hétérogénéité n'interdit cependant pas de dresser un tableau de leurs missions et de leur fonctionnement, du moins dans les grandes lignes. Le cas du CNPN doit cependant être mis à part car il est à bien des égards singulier et mériterait une étude spécifique. Premier des conseils par l'ancienneté et l'importance, le CNPN traite chaque année plusieurs centaines de dossiers[18]. Il incarne souvent à lui seul la protection de la nature en France, qu'il soit considéré comme un garant à maintenir absolument ou, à l'inverse, un bastion à faire tomber. Par ailleurs, sa composition diffère de celle des autres conseils. Elle fait de lui un espace hybride entre conseil scientifique et comité sociétal, une sorte de Parlement de la nature. Des représentants des ministères, des différents gestionnaires des grands types de milieux naturels (forêt publique et privée, espaces agricoles, territoires de chasse, etc.) et des représentants des associations de protection de la nature y siègent en effet aux côtés de représentants des principaux organismes de recherche et de personnalités scientifiques qualifiées.

Nous avons déjà suggéré que les conseils constituent des lieux originaux et longtemps précurseurs de rencontres entre les mondes de la science et de la conservation de la nature ou de la gestion durable des territoires. Leurs membres appartiennent à une large gamme de disciplines et d'institutions de recherche. Les disciplines représentées relèvent à la fois des sciences de la vie, des sciences de la Terre et des sciences humaines et sociales et les conseillers peuvent appartenir aussi bien à des universités qu'à des organismes de recherche fondamentale ou appliquée ou à des institutions de gestion ou de conservation du patrimoine naturel ou culturel. Des gestionnaires participent systématiquement aux séances, avec voix consultative et non délibérative. C'est par exemple le cas de personnels du bureau de la faune et de la flore du ministère de l'Écologie pour les séances des commissions faune et flore du CNPN (Lefeuvre et Vial 2009, p. 28), de personnels de l'ONCFS et de chargés de mission des parcs naturels régionaux et des parcs nationaux pour les séances de leurs conseils respectifs. Il peut d'ailleurs être difficile, pour une personne extérieure, d'identifier qui participe à un conseil en tant que conseiller ou en tant que gestionnaire. Les conseils sont donc aussi des organisations transdisciplinaires, entre science et gestion du patrimoine naturel et culturel.

Les conseils ont comme autre point commun d'être fondés sur le bénévolat de leurs membres, qui sont défrayés mais pas rémunérés. C'est là une différence importante avec d'autres instances auxquelles les conseils s'apparentent, notamment les Conseils économiques, sociaux et environnementaux (CESER) des régions qui, depuis le Grenelle de l'environnement, incluent un petit nombre de personnes au titre de l'environnement ou une agence comme l'Anses[19] qui rétribue les experts qu'elle mobilise.

Les conseils remplissent deux grandes missions. Ils accompagnent les institutions de conservation de la nature ou de développement durable dans l'élaboration et la réalisation de programmes de connaissance et d'action adaptés au territoire ou aux éléments de la nature dont ces institutions ont la charge. Ils rendent également des avis à la suite de saisines ou d'auto-saisines. Il peut s'agir, pour prendre un exemple fréquent, d'avis sur des demandes d'autorisation de travaux ou de manifestations sportives dans un espace protégé. Les conseils peuvent également avoir une mission de pédagogie, de veille et d'alerte.

Ils se réunissent en séance plénière au moins une fois par an, généralement au siège de l'institution de rattachement, plus rarement sur le terrain. Certains conseils organisent des groupes de travail ou des commissions thématiques et comportent un bureau, composé de membres chargés de préparer les séances plénières et de traiter les affaires urgentes. Le secrétariat des conseils est théoriquement assuré par les institutions gestionnaires, lorsqu'elles en ont les moyens. La durée des mandats varie de quatre à six ans.

La coopération entre conseils scientifiques apparaît très limitée, y compris lorsque les questions examinées sont proches voire identiques, comme c'est le cas pour les méthodes de comptage[20] des grands ongulés dans les espaces protégés alpins. Des problématiques et des débats similaires occupent ainsi, à peu près au même moment, des conseils géographiquement proches et dont les compositions se recouvrent partiellement. Des innovations institutionnelles et des initiatives récentes ont cependant favorisé un certain rapprochement au cours des dernières années. Par exemple, la création de Parcs nationaux de France (PNF)[21] et de son conseil scientifique donne aujourd'hui la possibilité aux présidents des conseils scientifiques des parcs de se rencontrer et d'échanger régulièrement. Pour la première fois, des rencontres scientifiques des réserves naturelles de Rhône-Alpes ont également été organisées en novembre 2013. Toutefois, les conseils scientifiques continuent de fonctionner largement comme des isolats.

Des organisations-frontières

Bien que les participants aux conseils n'aient pas tous le même statut, puisque seuls les scientifiques en sont membres, le positionnement des conseils à la frontière entre science et gestion les rapproche des organisations-frontières. Trois caractéristiques définissent ces organisations (Guston 2001) : elles favorisent la production d'objets capables de circuler dans différents mondes sociaux en y prenant des significations différentes[22] ; elles impliquent des médiateurs entre ces mondes ; elles rendent à ces derniers des comptes en fonction des critères qui y sont en vigueur. Des travaux plus récents ont montré que les tensions sont inhérentes aux organisations-frontières du fait des demandes divergentes et parfois contradictoires qui leur sont adressées (Parker et Crona 2012). Les enquêtes menées et notre propre expérience mettent en évidence que le positionnement des conseils à la frontière entre science et gestion est simultanément source de satisfactions et de tensions pour l'ensemble des participants, scientifiques et gestionnaires. Elles montrent également l'importance cruciale d'un travail de médiation pour opérationnaliser ce positionnement frontière (être attentif aux différentes attentes et veiller à les satisfaire de manière à peu près équitable, faire tenir le collectif malgré les tensions, etc.) et tirer parti de ses potentialités.

Satisfactions

Participer à un conseil scientifique, que ce soit comme conseiller ou comme gestionnaire, implique d'accepter de se mouvoir à l'interface entre science et gestion. Ce positionnement nécessite de consentir à une forme de déplacement, qui peut être source de risque et d'inconfort mais aussi de satisfaction(s). La frontière entre science et gestion délimite ainsi deux versants où chacun est amené à circuler : un versant qui correspond à sa propre activité, de gestionnaire ou de scientifique, et un versant qui correspond à l'autre activité, celle de gestionnaire pour le scientifique et celle de scientifique pour le gestionnaire. Les participants à un conseil scientifique peuvent se déplacer, avec plus ou moins de facilité, sur les deux versants de la frontière, et en retirer plusieurs satisfactions. Un premier type de satisfactions provient de la possibilité de progresser dans l'exercice de son activité en évoluant sur « son » versant de la frontière. Un deuxième type de satisfactions provient de la possibilité d'exprimer des goûts et des attachements auxquels l'activité habituelle ne répond pas ou seulement partiellement, en s'aventurant sur l'autre versant de la frontière. Ainsi, participer à un conseil offre en quelque sorte l'opportunité de concilier la position de professionnel et celle d'amateur.

Le versant professionnel de la frontière entre science et gestion

Pour une majorité de conseillers, la participation à des conseils est un moyen plus ou moins direct de faire plus de science[23] ou d'améliorer ses travaux. Les collaborations qui s'établissent et se maintiennent avec des gestionnaires et des administrations par le biais de l'implication dans des conseils procurent en effet un ensemble de ressources pour la conduite de l'activité scientifique. Elles peuvent permettre l'obtention de jeux de données sur le long terme, de bénéficier de connaissances de terrain approfondies et de l'appui technique et logistique du personnel de l'institution gestionnaire, ou encore de faciliter ou de sécuriser l'accès à un terrain d'étude privilégié et à des équipements comme des bâtiments servant à l'hébergement et à un premier traitement des échantillons collectés. Ces collaborations apportent aussi des informations régulières et de première main sur le territoire ou sur l'élément naturel considéré, qui peuvent se révéler précieuses pour la compréhension des phénomènes étudiés et l'interprétation des données, en sciences de la vie comme en SHS. Elles peuvent encore augmenter la possibilité pour les conseillers de voir leurs projets de recherche financés, soit directement par l'institution à laquelle le conseil est rattaché, soit par les institutions classiques de financement de la recherche qui entendent encourager les collaborations entre chercheurs et acteurs locaux.

Les gestionnaires peuvent eux aussi espérer que l'implication dans le conseil scientifique conforte la qualité et la légitimité de leur travail. La montée en puissance de l'impératif délibératif n'a en effet nullement réduit la nécessité d'appuyer les décisions en matière de conservation de la nature et de développement durable sur un corpus de connaissances réputé validé par la science : l'impératif scientifique demeure extrêmement présent dans les institutions considérées (Granjou et Mauz 2007) et leur recours à la science passe notamment par leur conseil scientifique. Lorsqu'ils sont suivis[24], les avis émis par les conseils confèrent une certaine légitimité aux décisions des administrations et gestionnaires et sont volontiers mis en avant, notamment si la demande soumise à l'institution a été rejetée. Il est par ailleurs symptomatique que les gestionnaires des parcs nationaux aient davantage tendance à solliciter leurs conseils sur la validité de leurs protocoles d'étude depuis que les faiblesses scientifiques de ces protocoles ont été pointées (Besnard et collaborateurs, non daté).

Loin de n'être qu'un à-côté, l'implication dans des instances situées à la frontière entre sciences et gestion de la nature contribue donc pleinement à l'activité professionnelle des scientifiques et des gestionnaires. Mais ce positionnement singulier offre aussi la possibilité à l'ensemble des participants de cultiver des attachements et des goûts quelque peu délaissés dans l'exercice du travail ordinaire, en passant sur l'autre versant de la frontière.

Le versant amateur de la frontière entre science et gestion

Les attachements, les goûts et notamment les « passions cognitives » (Roux et collaborateurs 2013) revêtent une grande importance dans ce qui pousse les personnes à faire ce qu'elles font et à le faire d'une certaine manière (Hennion 2004). Les entretiens menés ont révélé la force et la diversité des attachements qui se vivent dans la participation à des conseils, qu'il faut dès lors saisir aussi dans sa dimension affective.

Les conseillers trouvent dans leur implication l'occasion d'exprimer et de cultiver toute une série d'attachements et de goûts. Il peut s'agir d'un attachement à la nature, à un territoire dans son ensemble ou à des lieux singuliers que la fréquentation régulière et l'étude assidue amènent à apprécier au-delà de leur intérêt scientifique. Il peut également s'agir d'un attachement à des activités traditionnelles, comme le pastoralisme dans les régions de montagne. Il arrive aussi qu'un goût pour l'action publique soit mentionné : la mission d'élaboration des avis plaît à des conseillers qui ont le sentiment de mettre leurs connaissances et leur capacité d'expertise au service de préoccupations concrètes et de contribuer ainsi, même à la marge, au processus de prise de décision en acceptant le « jeu de l'expertise ».

Enfin, de nombreux conseillers signalent un attachement à des personnes qui peuvent être d'autres conseillers, des chargés de mission et des personnels de terrain des institutions et d'autres utilisateurs des terrains d'étude comme des éleveurs et des bergers. Une implication de longue durée dans des conseils s'accompagne fréquemment d'amitiés que les conseillers n'ont guère l'occasion de cultiver en dehors de ce cadre et d'une ouverture assez largement appréciée à d'autres cercles.

Des liens personnels forts se retrouvent chez les gestionnaires, qui disent aimer fréquenter des scientifiques par l'intermédiaire des CS. Tout en mettant en avant qu'ils ne sont pas de « vrais » chercheurs, ils expriment fréquemment une attirance pour l'activité scientifique et la recherche, que leur travail dans les institutions ne satisfait que très imparfaitement et qu'ils peuvent cultiver par le biais de leur implication dans les conseils. Nombre d'entre eux ont effectué des études universitaires, de plus en plus souvent jusqu'au master ou au doctorat, et ont parfois dû renoncer à une carrière scientifique du fait de la pénurie de postes. L'implication dans les conseils leur permet d'être en lien avec un réseau de scientifiques, de rester informés des avancées dans leurs domaines de prédilection, voire de participer à des programmes de recherche. La plupart des gestionnaires les plus investis dans les conseils sont clairement des amateurs de science, au sens noble du terme.

Dans ces conditions, les séances plénières des conseils contrastent avec la routine professionnelle et constituent une « *récréation* » appréciée de l'ensemble des participants, d'autant que les pauses et les repas offrent des possibilités d'échanges plus informels. Les conseils se situent ainsi, en définitive, à la fois dans le prolongement et en marge des activités professionnelles, procurant à ceux qui s'y impliquent des satisfactions liées à une double position de professionnel et d'amateur. Simultanément, des tensions naissent du positionnement à l'interface entre science et gestion. Au demeurant, les satisfactions et les tensions se complètent et se combinent bien plus qu'elles ne s'opposent. Les tensions peuvent aussi être source de satisfactions, par exemple en permettant ou en favorisant l'affirmation de ce qui compte pour les différents participants.

Tensions

Les avis rendus par les conseils sont le plus souvent en accord avec la position des institutions, du fait notamment de la participation des gestionnaires aux séances. Cependant, comme il y entre une part relativement réduite d'éléments de politique locale (comme la volonté de ne pas créer, raviver ou exacerber des conflits), il arrive aussi qu'ils divergent de la position des institutions. Les tensions qui en résultent alors peuvent être vives.

Par ailleurs, la question se pose de manière récurrente de savoir si la science doit être au service du territoire (ou de l'élément naturel considéré) ou le territoire au service de la science. Cette question renvoie au fait que les conseillers et les salariés des institutions ont des métiers et des objectifs différents et qu'il doit en être ainsi s'il s'agit d'établir un lien entre deux activités censées s'enrichir mutuellement tout en conservant leurs objectifs et leurs méthodes propres. À différentes reprises, le ministère chargé de l'environnement énonce que les connaissances produites dans les espaces protégés doivent venir en appui aux gestionnaires. Les gestionnaires constatent toutefois leur impuissance à orienter les études scientifiques vers des objectifs plus opérationnels. En fait, les uns et les autres font état de difficultés persistantes dans leurs interactions. Tandis que les gestionnaires disent avoir du mal à intéresser les conseillers à leurs problématiques concrètes et à obtenir des scientifiques des résultats mobilisables dans une perspective de gestion, les conseillers, eux, se plaignent parfois d'une formation scientifique insuffisante des gestionnaires pour formuler des questions scientifiquement pertinentes. Ces tensions sont indépassables et ne peuvent être que momentanément apaisées, en satisfaisant tantôt les attentes des scientifiques et tantôt celles des gestionnaires. Ainsi, le positionnement frontière de l'organisation résulte d'un travail constamment renouvelé et soumis aux frictions, plutôt que d'un équilibre lisse et harmonieux. La résolution définitive des tensions serait probablement source d'apaisement en mettant l'un des champs au service de l'autre mais elle sonnerait la fin de l'organisation-frontière, en rompant son positionnement.

Les différences dans les objectifs et les méthodes de travail se traduisent fréquemment par une tension sur les temporalités. Le temps long de la recherche est régulièrement opposé au temps court des opérations de gestion. Les gestionnaires auraient du mal à admettre l'impossibilité de répondre rapidement à leurs questions et à percevoir l'intérêt d'études scientifiques de très long terme. La réalité apparaît toutefois plus complexe. Avec la diffusion de la recherche sur projets, les conseillers tendent à s'investir dans des études de courte durée, tandis que certaines institutions doivent élaborer des stratégies scientifiques de beaucoup plus long terme. Plutôt qu'une opposition binaire entre temps long de la recherche et temps court de la gestion opérationnelle, c'est plutôt une pluralité de temporalités difficiles à synchroniser qui prévaut : celles des évolutions naturelles, des projets de recherche, des programmes d'activité des institutions, des mandats des conseils, etc.

Le positionnement à la frontière entre sciences et gestion de la nature génère des satisfactions et des tensions. Les conseils sont en outre traversés par des frontières secondaires, entre conseillers et entre gestionnaires, liées au pluralisme de la science (pluralisme des objets d'étude, des disciplines, des démarches) et des politiques de la nature (pluralisme des conceptions de la nature et de sa conservation). Ces frontières secondaires sont elles-mêmes sources de satisfactions et de tensions. Le bon fonctionnement d'un conseil repose alors sur deux voies : le renforcement des satisfactions de l'ensemble des personnes impliquées et le maintien des tensions en dessous d'un seuil acceptable. Il implique dans tous les cas un travail de médiation et de traduction, peu visible voire masqué, mais essentiel.

Médiations et traductions

En dépit de préoccupations et d'intérêts souvent communs, la collaboration entre scientifiques et gestionnaires nécessite l'intervention de personnes proches des uns et des autres. Jouer un rôle de médiation et de traduction implique une connaissance suffisamment fine de leurs activités respectives pour pressentir qui sera intéressé par telle thématique ou telle approche, qui mobiliser en telles circonstances et quels liens établir entre tels conseillers et tels gestionnaires. Cette connaissance des membres et de leurs travaux demande des interactions régulières et ne peut s'acquérir que sur une période relativement longue. L'accomplissement du travail de médiation et de traduction requiert donc un minimum de stabilité.

Ce travail est fréquemment distribué entre plusieurs personnes. En général, l'institution désigne un de ses membres pour animer le conseil, préparer l'ordre du jour avec le président ou le bureau, veiller au bon déroulement des séances, assurer le secrétariat, rédiger les comptes rendus. L'animateur peut assurer une bonne partie voire l'essentiel du travail de médiation et de traduction. Il doit alors réunir des compétences diversifiées, à la fois scientifiques, pour pouvoir échanger avec les conseillers et concevoir des projets communs, relationnelles, pour établir avec les conseillers des relations de confiance, organisationnelles, pour préparer des séances réunissant un assez grand nombre de personnes, techniques, pour veiller au fonctionnement des appareils de projection et d'enregistrement. L'animateur doit aussi disposer de suffisamment de temps. Or, les institutions qui consacrent des moyens humains importants à leur conseil scientifique sont rares[25]. Le plus souvent, l'animateur du conseil ne peut consacrer qu'une faible partie de son temps de travail à interagir avec les conseillers, se familiariser avec leurs travaux et réfléchir à des actions communes. Le travail de médiation revient alors principalement à des conseillers et notamment au président du conseil, dont la charge de travail se trouve alourdie mais à qui ce rôle confère un pouvoir supplémentaire d'orientation du conseil qu'il peut apprécier.

De manière croissante, les institutions peinent à trouver les moyens nécessaires au bon fonctionnement de leur conseil scientifique. Cette situation de sous-dotation est la deuxième grande caractéristique des conseils que permet de souligner l'attention aux expériences des conseillers et des gestionnaires.

Des organisations sous-dotées

Les enquêtes menées reflètent le décalage grandissant entre les missions confiées aux conseils et les moyens qui leur sont alloués. Ce décalage génère des frustrations et des tentatives récurrentes pour améliorer le fonctionnement des conseils.

Grandes ambitions et petits moyens

Les missions confiées aux conseils sont ambitieuses. Accompagner les institutions dans l'élaboration et la mise en œuvre d'un programme de connaissance et d'action implique d'étudier de près les opérations d'inventaire, de suivi et de recherche qu'elles mettent ou pourraient mettre en œuvre. Or ces opérations sont progressivement devenues de plus en plus nombreuses ; il en existe souvent plusieurs dizaines dans un parc national ou une réserve naturelle. Très variable d'une institution à l'autre, la mission d'élaboration des avis peut également être très exigeante, comme signalé plus haut. La commission flore du CNPN doit désormais traiter chaque année plus d'une centaine de dossiers et la commission faune plus d'un millier de dossiers de demande de dérogation à l'interdiction de destruction d'espèces protégées. Le conseil scientifique du parc national des Cévennes examine plusieurs centaines de demandes d'autorisation par an. Ce sont là des cas extrêmes mais, de manière générale, le rythme des demandes adressées aux conseils limite la possibilité de prendre du recul et d'élaborer une réflexion sur le moyen terme.

À cette question des temporalités et des rythmes s'ajoute celle des moyens, réduits et plutôt en baisse, dont disposent les conseils pour remplir leurs missions. L'activité scientifique des conseillers peut certes bénéficier de leur implication dans les conseils mais ils sont bénévoles et la plupart d'entre eux ne peuvent ou ne veulent pas dégager du temps pour les conseils en dehors des séances plénières (l'assiduité à ces séances pouvant elle-même être très variable d'un conseil et d'un conseiller à l'autre). Quant aux administrations et aux gestionnaires, nous avons vu qu'ils n'ont sauf exception que très peu de temps à consacrer à leur conseil. Il arrive que les documents soient remis et examinés en séance ; les séances ne font pas systématiquement l'objet d'un compte rendu et les suites données aux avis des conseils sont rarement documentées, ce qui empêche d'évaluer précisément l'utilité d'un travail qui absorbe une bonne partie du temps et de l'énergie des conseils. Les moyens disponibles ne sont donc clairement pas à la hauteur des ambitions.

Dans ces conditions, la mission d'élaboration des avis prend fréquemment le pas sur la mission d'accompagnement scientifique, du fait de son caractère souvent réglementaire. Nombre de conseils sont en effet tenus de rendre des avis, en respectant des délais assez courts. Il est par ailleurs assez commun que quelques conseillers, généralement les membres du bureau le cas échéant ou le président, accomplissent l'essentiel du travail. Cette concentration de l'activité sur un petit nombre de personnes comporte des risques. Elle peut induire une perte de collégialité dans l'accompagnement scientifique et dans l'élaboration des avis (les orientations et les avis donnés par le conseil sont en fait ceux de son président), ou une perte de lien entre une institution et un conseil, qui intervient en censeur final. Elle peut aussi provoquer une lassitude des conseillers les plus impliqués, avec une rotation rapide incompatible avec l'accomplissement du travail de médiation, un appauvrissement de l'accompagnement scientifique des institutions et une prise en charge de fait de l'essentiel du travail d'élaboration des avis par les administrations ou les gestionnaires, le conseil n'étant plus alors qu'une chambre d'enregistrement.

Frustrations

Le décalage entre ambitions et moyens et la conviction que les conseils se trouvent privés de la possibilité d'exprimer tout le potentiel lié à leur positionnement à l'interface entre science et gestion engendrent plusieurs frustrations. Deux d'entre elles ont été régulièrement pointées lors des enquêtes.

La première est la difficulté à capitaliser les connaissances et l'expérience. Il est aujourd'hui bien souvent impossible d'avoir une vision d'ensemble de la somme des connaissances qui ont été élaborées sur les territoires ou les éléments naturels dont les institutions gestionnaires ont la charge. Ces connaissances ont fréquemment été produites par des personnels temporaires comme des objecteurs de conscience et des stagiaires. Elles sont éparpillées dans une multitude de lieux et de documents non publiés, lorsqu'elles n'ont pas été perdues. L'absence de capitalisation des connaissances prive les conseils de la possibilité de s'appuyer sur les connaissances acquises pour accompagner les institutions. La seconde frustration provient de la difficulté à élaborer un programme de travail sur le moyen terme et à assurer une certaine continuité des activités dans le cadre d'une stratégie scientifique globale. En bref, les participants aux conseils regrettent que l'absence de mémoire et de cap empêche de construire une trajectoire cohérente et continue.

Le décalage entre ambitions et moyens aboutit en définitive à une situation apparemment paradoxale pour des conseils scientifiques, caractérisée par une difficulté à identifier ce que l'on sait et ce qu'il convient d'investiguer. Repérées depuis longtemps, ces difficultés n'ont été que partiellement résolues, faute de moyens pour compiler l'ensemble des études effectuées, constituer des bases de données bibliographiques et les actualiser et pour élaborer un programme de travail à moyen terme. Elles se traduisent par la récurrence de débats très similaires. Elles ont cependant généré des améliorations, qui témoignent du dynamisme des conseils.

Améliorations

Les difficultés récurrentes des conseils à remplir leurs missions de manière satisfaisante n'ont pas abouti à leur déclin ni à leur remise en cause. L'attachement à leur existence est réel et des tentatives pour améliorer leur fonctionnement sont régulièrement engagées, en particulier lors des phases de renouvellement qui donnent lieu à un nouvel élan. Le fonctionnement des conseils est ainsi souvent cyclique, avec une alternance de périodes de ralentissement et de périodes de relance.

Les membres des conseils et des institutions tâtonnent pour trouver la taille et le mode d'organisation idoines, revenant parfois à des situations antérieures. Un même conseil a ainsi alternativement existé dans des formations resserrées et élargies ; un bureau a été créé, avant d'être supprimé puis recréé dans l'espoir de dégager du temps pour aborder des questions de fond en séance plénière. D'autres formules ont été mises à l'épreuve, comme la constitution de groupes de travail *ad hoc*, centrés sur une question donnée pendant une période limitée, ou le lancement d'appels à projets destinés à orienter les recherches en fonction des préoccupations et des enjeux des gestionnaires. Des tentatives visent aussi à fédérer le conseil autour d'entreprises collectives, comme une publication ou le montage d'un projet de recherche interdisciplinaire autour d'un même objet. Différentes manières de traiter les demandes d'avis ont également été testées, sans que l'on dispose, là encore, d'une vision d'ensemble des expérimentations conduites et de leurs résultats. Ces expérimentations témoignent d'un foisonnement d'idées et d'initiatives qui ont permis de réelles améliorations du fonctionnement des conseils. Les conseillers comme les institutions gestionnaires font aussi preuve d'un souci grandissant de réflexivité qui favorise l'émergence de solutions innovantes. Cependant, les enquêtes menées suggèrent que les initiatives pour améliorer le fonctionnement des conseils pâtissent souvent d'un manque de moyens et tendent à être abandonnées au bout de quelques années, voire avant même d'être commencées, générant alors de nouvelles désillusions.

Conclusion

Pris ensemble, les conseils scientifiques des institutions de conservation de la nature et du développement durable réunissent des centaines de scientifiques et favorisent les échanges avec les gestionnaires des espaces naturels et les administrations. Par leur nombre, leur ancienneté et leur positionnement à l'interface entre science et gestion, ils constituent des lieux rares de collaboration et d'orientation de la connaissance et de l'action dans le domaine environnemental. L'approche par l'expérience vécue adoptée dans ce texte témoigne des satisfactions que les conseils procurent à l'ensemble de leurs participants. Être sur la frontière leur donne la possibilité de tirer parti de leurs complémentarités et de la diversité de leurs objectifs et méthodes de travail, que ce soit pour renforcer leurs compétences professionnelles propres ou pour cultiver des attachements et des goûts qui leur sont chers.

Nos enquêtes montrent qu'une majorité de conseillers et de gestionnaires partagent la conviction que les conseils ont de très fortes potentialités et peuvent contribuer de manière essentielle aux politiques comme aux sciences de la nature. Mais ils partagent également le constat que les conseils ne disposent pas des moyens suffisants pour tirer pleinement parti de leurs caractéristiques et de leurs potentialités. La modestie des moyens alloués aboutit dans certains cas à un triple repli : premièrement, un repli sur la mission d'élaboration des avis au détriment de la mission d'accompagnement scientifique et de la mission pédagogique ; deuxièmement, un repli sur un noyau de quelques personnes au détriment de la collégialité ; troisièmement, un repli sur soi de chacun des conseils au détriment des collaborations et d'une mutualisation des expériences qui permettrait pourtant une économie de temps et de moyens.

Les enquêtes menées demandent à être approfondies pour mieux rendre compte de la diversité des situations et affiner l'analyse. Elles permettent d'ores et déjà de pointer l'apport des conseils scientifiques des institutions de conservation de la nature et de développement durable aux politiques comme aux sciences de la nature. Elles suggèrent aussi que l'augmentation continue du nombre de conseils et la poursuite de la réduction des moyens ont amené le système actuel à un point de rupture, qui se traduit par un manque de disponibilité pour traiter des dossiers de plus en plus complexes et une difficulté à renouveler les membres[26] et à en recruter dans certaines disciplines. La loi sur la biodiversité en cours de préparation et la création de l'Agence française de la biodiversité pourraient être l'occasion de dépasser les limites et les paradoxes mis en évidence dans cet article, pour peu que le rôle de ces conseils scientifiques soit réellement connu. Trois pistes d'amélioration paraissent particulièrement prometteuses : l'information des conseils sur les suites données aux avis rendus et la possibilité de réagir si nécessaire ; la reconnaissance accrue des scientifiques engagés dans les conseils scientifiques et enfin, l'attribution aux conseils de moyens de fonctionnement proportionnés à leurs missions.

Bibliographie

Arpin Isabelle, Arnaud Cosson, Joachim Carreira et Céline Granjou — 2015, « Chercheurs et protecteurs ? La participation aux conseils scientifiques comme voie d'engagement dans la protection de la nature », in I. Arpin, G. Bouleau, J. Candau, et A. Richard-Ferroudji (eds). *Les activités professionnelles à l'épreuve de l'environnement.* Toulouse : Octarès.

Besnard Aurélien, Adrien Jailloux, et Jules Chiffard Carricaburu — Non daté. « Rapport final d'étude "État des lieux des opérations de collecte de données à visées scientifiques conduites dans les parcs nationaux français ». *Cefe, Parcs nationaux de France.* 49 p., http://www.parcsnationaux.fr/Chercher-Etudier-Agir/Etudes/Protocoles-Scientifiques-des-Parcs-nationaux, 8 avril 2015.

Blondiaux Loïc et Yves Sintomer — 2002, « L'impératif délibératif », *Politix* 15 : 17-35.

Boudouresque Charles-François, Alain Barcelo, Jean-Georges Harmelin, Gilles Martin, Céline Maurer, Frédéric Médail, Guillaume Sellier et Rose-Abèle Viviani — 2013, "The Scientific Council of a National Park, the Port-Cros National Park: 50 years of conservation culture". *Scientific Reports of Port-Cros national Park*, 27: 297-317.

Boy Daniel, Mathieu Brugidou, Charlotte Halpern et Pierre Lascoumes — 2012, *Le Grenelle de l'environnement. Acteurs, discours, effets*. Paris : Armand Colin.

Castree Noel (a) — 2008, "Neoliberalising Nature: Processes, Effects, and Evaluations". *Environment and Planning A*, 40: 153-173.

Castree Noel (b) — 2008, "Neoliberalising Nature: the Logics of Deregulation and Reregulation". Environment and Planning A, 40:131-152.

Cans Roger — 2006, *Petite histoire du mouvement écolo en France.* Paris : Delachaux et Niestlé.

Conseil économique et social de la région PACA — 2010, *Pour une expertise scientifique dans la gestion des espaces protégés*. 24 p.

Cook Carly N., Michael B. Mascia, Mark W. Schwartz, Hugh P. Possingham et Richard A. Fuller — 2013, "Achieving Conservation Science that Bridges the Knowledge-Action Boundary", *Conservation Biology* 27 (4): 669-678.

Charvolin Florian — 2003, *L'invention de l'environnement en France. Chroniques anthropologiques d'une institutionnalisation*. Paris : La Découverte.

Charvolin Florian — 2012, « L'affaire de la Vanoise et son analyste. Le document, le bouquetin et le parc national », *Vingtième siècle* 113 : 82-93.

Cosson Arnaud — 2014, *Réformateurs au quotidien. Analyse sociologique du « travail de réforme » dans la mise en œuvre d'une nouvelle loi sur les parcs nationaux*. Thèse pour obtenir le doctorat de sociologie de l'Institut d'Études Politiques de Paris, 573 p.

Delclaux Julie — 2014, *Les conseils scientifiques et la gouvernance des parcs nationaux français. L'exemple du parc national de Port-Cros*. Mémoire de fin d'études pour l'obtention du diplôme d'ingénieur d'Agroparistech et du diplôme d'agronomie approfondie, 72 p.

Gieryn Thomas — 1983, "Boundary-Work and the Demarcation of Science from Non-Science: Strains and Interests in Professional ideologies of Scientists", *American Sociological Review* 48: 781-795.

Granjou Céline et Isabelle Mauz — 2007, « Un "impératif scientifique" pour l'action publique ? Analyse d'une compétition pour l'expertise environnementale », *Socio-logos* 2.

Granjou Céline, Isabelle Mauz, Marc Barbier et Philippe Breucker — 2014, "Making taxonomy environmentally relevant. Insights from an All Taxa Biodiversity Inventory". *Environmental Science and Policy*, http://dx.doi.org/10.1016/j.envsci.2014.01.004:254-262.

Guston David H. — 2001, "Boundary Organizations in Environmental Policy and Science: an Introduction", *Science, Technology and Human Values* 26 (4): 399-408.

Hennion Antoine — 2004, « Une sociologie des attachements. D'une sociologie de la culture à une pragmatique de l'amateur », *Sociétés* 85: 9-24.

Hessels Laurens K, Harro van Lente et Ruud Smits — 2009, "In search of relevance: the changing contract between science and society", *Science and Public Policy* 36: 387-401.

Igoe Jim et Dan Brockington — 2007, "Neoliberal Conservation: A Brief Introduction", *Conservation and Society* 5: 432-449.

Jasanoff Sheila — 2009, *The Fifth Branch: Science Advisers as Policymakers*. Harvard: Harvard University Press.

Kohler Robert — 2002, *Landscapes and labscapes: exploring the lab-field border in biology*. Chicago, IL: University of Chicago Press.

Lascoumes Pierre — 1999, *Instituer l'environnement. Vingt-cinq ans d'administration de l'environnement*. Paris : L'Harmattan.

Latour Bruno — 1989, *La science en action*. Paris : La Découverte.

Leblanc Emmanuèle — 2009, *Préconisations nationales sur les rôles, les missions et le fonctionnement des conseils scientifiques des Parcs naturels régionaux*. Fédération des Parcs naturels régionaux de France, 10 p.

Lefeuvre Jean-Claude et Jean-Claude Vial — 2009, *Rapport sur l'évolution du Conseil national de la protection de la nature (CNPN)*. Ministère de l'Écologie, de l'Énergie, du Développement durable et de l'Aménagement du territoire, 75 p.

Letourneux François — 2008, « Les conseils scientifiques des Parcs naturels régionaux. Propositions de problématique ». *Note du CORP* n°3. 20 mai 2008, 4 p.

Louvel Séverine — 2011, *Des patrons aux managers. Les laboratoires de la recherche publique depuis les années 1970*. Rennes : Prennes Universitaires de Rennes.

Mauz Isabelle — 2003, *Histoire et mémoires du parc national de la Vanoise. 1921-1971: La construction*. Grenoble : Revue de géographie alpine.

Mauz Isabelle et Céline Granjou — 2013, "A New Border Zone in Science. Collaboration and tensions between Modelling Ecologists and Field Naturalists", *Science as Culture* 22: 314-343.

Ollitrault Sylvie — 1996, « Science et militantisme : les transformations d'un échange circulaire. Le cas de l'écologie française », *Politix* 9: 141-162.

Parker John et Beatrice Crona — 2012, "On being all things to all people: Boundary organizations and the contemporary research university", *Social Studies of Science* 42: 262-289.

Pinton Florence, Pierre Alphandéry, Jean-Paul Billaud, Christian Deverre, Agnès Fortier et Ghislain Géniaux — 2007, *La construction du réseau Natura 2000 en France*. Paris : La Documentation française.

Roux Jacques, Florian Charvolin et Aurélie Dumain (dir.) — 2013, *Les passions cognitives. L'objectivité à l'épreuve du sensible*. Paris : Éditions des archives contemporaines.

Schmitt Dominique — 2012, *La gouvernance en matière de biodiversité*. Rapport à Madame la Ministre de l'écologie, du développement durable, des transports et du logement. 3 février 2012, 18 p.

Selmi Adel — 2006, *Administrer la nature*. Paris : Éditions de la MSH. Éditions Quae.

Sette Anna Luce — 2014, *Le conseil scientifique du parc national de la Vanoise, une organisation-frontière entre science et gestion conservatoire de la biodiversité*. Mémoire de Master 2 « Techniques Sciences et Décisions » de l'Institut d'études politiques de Grenoble, 177p.

Takacs David — 1996, *Ideas of biodiversity. Philosophies of paradise*. Baltimore: The Johns Hopkins University Press.

Remerciements

Nous remercions chaleureusement l'ensemble des conseillers et des gestionnaires qui nous ont parlé de leur implication dans les conseils scientifiques. Nous remercions également Raphaël Larrère et Céline Granjou dont les commentaires sur une version antérieure de ce texte nous ont permis de l'améliorer.

Notes

[1] Leur ont notamment été consacrés le colloque « Sciences humaines dans les parcs nationaux et les parcs naturels régionaux » de Florac (25-27 avril 1983), un séminaire à Fontevraud (17 mars 2000), le colloque « sciences sociales et espaces protégés » au MNHN en 2006.

[2] Nous entendons le terme politique dans un sens large qui inclut la gestion.

[3] Nous entendons le terme « gestionnaire » dans un sens assez large. Les gestionnaires peuvent être des chargés de mission ou directeurs d'espaces protégés, des chefs de services dans les administrations (DREAL, DDT, DEB) en charge de la protection de la nature, etc.

[4] Cette enquête a bénéficié du soutien financier du LabEx ITEM. Elle a été effectuée par un collectif de chercheurs composé d'Isabelle Arpin, Arnaud Cosson, Dorothée Denayer, Anna Sette, Fabien Hobléa et Jean-Pierre Mounet.

[5] Ces entretiens se répartissent de la manière suivante : 15 pour l'étude exploratoire de 2012-2013, 20 sur le conseil scientifique du parc national de la Vanoise (Sette 2013), 10 sur le conseil scientifique de chacun des quatre autres espaces protégés (parc naturel régional et réserve naturelle des hauts plateaux du Vercors, parc naturel régional de la Chartreuse, parc naturel régional des Bauges, réserves naturelles de Haute-Savoie). La quasi-totalité de ces entretiens ont été enregistrés et transcrits. Le format de cet article empêche malheureusement d'illustrer le propos par des extraits d'entretien.

[6] Cette création est actuellement prévue pour le début de l'année 2016.

[7] Isabelle Arpin préside le conseil scientifique du parc national de la Vanoise et est membre du conseil scientifique du parc national du Mercantour, de la Fondation pour la recherche sur la biodiversité et de l'ONCFS ; Arnaud Cosson est membre de la commission parcs naturels régionaux et chartes de parcs nationaux du CNPN, du CSRPN Rhône-Alpes et du conseil scientifique du parc national des Écrins ; Jean-Claude Lefeuvre préside le comité permanent du CNPN, le conseil scientifique du Conservatoire du Littoral ainsi que le conseil scientifique Intersage baie du Mont-Saint-Michel ; Serge Muller est notamment président de la commission flore du CNPN, du CS du Conservatoire Botanique National de Mascarin (Ile de La Réunion) et du CSRPN de Lorraine.

[8] Pour une histoire de la protection de la nature en France et des mouvements sociaux associés, voir par exemple (Ollitrault 1996 ; Lascoumes 1999 ; Charvolin 2003 ; Cans 2006).

[9] La création d'un conseil scientifique reste une possibilité – fortement recommandée – mais pas une obligation pour les parcs naturels régionaux, bien que la quasi-totalité d'entre eux en soient aujourd'hui dotés.

[10] Pour une biographie, voir http://ahpne.fr/spip.php?article205

[11] Pour une biographie, voir http://ahpne.fr/spip.php?article214

[12] Pour une biographie, voir http://ahpne.fr/spip.php?article103

[13] Sur la construction du réseau Natura 2000 en France, voir Pinton et collaborateurs (2007).

Notes

[14] Revue anglaise longtemps pilotée par Eric Duffey qui a coordonné en 1982 le livre *Parcs nationaux et réserves naturelles d'Europe occidentale*.

[15] C'est par exemple le cas du CS des parcs nationaux des Pyrénées, du Mercantour, de la Vanoise et des parcs naturels régionaux du Queyras et du Morvan.

[16] Le CNPN et les CSRPN sont « submergés de dossiers » tandis que le CSPNB est considéré comme peu actif (Schmitt 2012, p. 5).

[17] La FRB a succédé à l'IFB (2000-2008).

[18] Ces dossiers concernent, par exemple, des demandes de dérogation de destructions d'espèces protégées, des projets de charte ou des révisions de chartes existantes pour les parcs nationaux et les parcs naturels régionaux.

[19] Agence nationale de sécurité sanitaire de l'alimentation, de l'environnement et du travail.

[20] Les grands ongulés présents dans les espaces protégés ont longtemps été comptés lors d'opérations visant à dénombrer la totalité des animaux et mobilisant la majorité des agents de terrain de ces espaces. Pour des raisons à la fois scientifiques et d'économie de moyens, d'autres méthodes sont actuellement envisagées ou expérimentées, fondées notamment sur le repérage des animaux à partir d'itinéraires prédéfinis parcourus à plusieurs reprises.

[21] Créé par la loi n° 2006-436 du 14 avril 2006 relative aux parcs nationaux, aux parcs naturels marins et aux parcs naturels régionaux, Parcs Nationaux de France est un établissement public national qui fédère l'ensemble des parcs nationaux français.

[22] C'est le cas des avis rendus par les conseils, qui doivent pouvoir être considérés comme pertinents sur le plan scientifique et répondre aux questions et aux exigences des institutions de rattachement, notamment en termes de délai d'élaboration.

[23] C'est aussi le cas des auteurs de ce texte, qui font des conseils et de l'implication dans ces conseils un objet de recherche.

[24] Les avis des conseils scientifiques sont simplement consultatifs.

[25] C'est le cas d'Asters qui gère les réserves naturelles de Haute-Savoie.

[26] Dans les conseils étudiés, la moyenne d'âge des conseillers est d'environ 55 ans et les conseillers de moins de quarante ans sont très peu nombreux.

Postures des chercheurs sur la biodiversité : une cristallisation des évolutions de carrière

Clémence EMPRIN

Introduction

La question de l'engagement des chercheurs en écologie s'est reconfigurée, dans les années 1990-2000, avec l'arrivée de la notion de biodiversité. Comment cette notion fait-elle sens au cours des carrières professionnelles des chercheurs et peut-on distinguer différentes postures ? Au cours d'un doctorat sur le fonctionnement communicationnel des projets de recherche sur la biodiversité, une série d'entretiens a été menée avec des chercheurs en écologie ; à cette occasion, nous avons observé que cette thématique était investie de différents enjeux. Cette contribution vise à saisir les postures des chercheurs autour de la biodiversité et à en comprendre les ressorts. Nous décrirons quatre postures et discuterons de l'importance de l'âge dans l'adoption et l'évolution des postures. La biodiversité apparaît comme un opérateur de communication qui cristallise différentes options en termes d'évolution de carrière.

Engagements, production de connaissance et postures

Penser les postures

Les *Sciences Studies* proposent des ressources pour penser la question de l'engagement en continuité avec celle de la production de connaissance. Il ne s'agit plus seulement de distinguer la posture du chercheur de celle de l'expert avec leurs registres respectifs (Heinich 2002) mais de considérer la multiplicité des postures des chercheurs en fonction de leurs rapports aux objets et aux réseaux d'interlocuteurs (Callon 1999). La production de connaissance est analysée comme le lieu d'une relation à la fois rationnelle et sensible à l'objet (Roux et collaborateurs 2013) qui marque singulièrement les trajectoires des chercheurs (Bobbé et Alphandéry 2014). Dans le domaine de l'environnement en particulier, l'émergence et la stabilisation de nouveaux savoirs sont liées à celles de collectifs hybrides et à l'existence de tensions entre différentes rationalités (Jasanoff 2004 ; Granjou et Peerbaye 2011). Le monde scientifique n'est pas un champ homogène et les controverses qui le traversent font intervenir des alliances entre des chercheurs et des acteurs de différents mondes sociaux. Ainsi, la manière d'investir un domaine de recherche singulier, de participer à la mise en place d'une nouvelle institution de recherche ou d'un groupe d'experts peuvent être pensées en termes de posture de recherche. De quelles postures la question de la biodiversité est-elle l'expression ? Cette question est une manière d'élargir la compréhension des engagements des chercheurs en biologie.

La notion de biodiversité est porteuse d'un pluralisme épistémique et normatif (Delord 2009), elle véhicule certaines valeurs (économique, culturelle, esthétique, morale) et, en fonction des situations ou des dispositifs d'action publique, actualise différentes conceptions de la nature. La crise de la biodiversité est, pour certains (Aubertin et collaborateurs 1998), une crise de la représentation du vivant réduit à des ressources génétiques. Le Sommet de la Terre de Rio et la signature de la Convention sur la diversité biologique (CDB) constituent des moments importants lors desquels la conservation de la biodiversité est abordée en termes de valorisation marchande. Pour d'autres, la question de la biodiversité témoigne d'un changement de paradigme scientifique et nécessite une réflexion éthique (Blandin 2009) ou un renouveau du projet interdisciplinaire de l'écologie scientifique (Barbault 1993). Comment donner du sens à ces différents partis-pris ? L'engagement des chercheurs en sciences de la vie a pu être pensé en termes de culture épistémique. Bonneuil (2006) a mis en évidence une corrélation entre l'engagement des chercheurs et leurs positions dans le champ des sciences biologiques ; ainsi, sur la question des OGM, les prises de position publique diffèrent en fonction de l'appartenance des chercheurs au domaine de la biologie moléculaire, à celui de la biologie des populations ou de l'agronomie. Les postures des chercheurs autour de la notion de biodiversité sont-elles corrélées à des cultures épistémiques ?

La production des connaissances en écologie

La proximité de l'écologie scientifique et politique a souvent été considérée comme un problème pour le développement de la discipline. Le risque de discrédit des chercheurs a donné lieu à des initiatives spécifiques. Ainsi, la Société américaine d'écologie a mis en place un code éthique et des programmes de formation à destination des chercheurs (Kinchy et Kleiman 2003). En France, les chercheurs engagés dans la protection de la nature ont eu des parcours académiques parfois difficiles du fait de leur non-conformité à l'idéal institutionnel de pureté scientifique (Mauz et Granjou 2011). L'émergence de la question de la biodiversité a transformé cette situation et revalorisé l'engagement des chercheurs. Le terme est apparu en 1988 dans un forum national dont l'objectif est d'alerter l'opinion publique sur les risques liés à la perte de biodiversité (Marris 2006). Par la suite, les biologistes de la conservation ont mobilisé cette notion pour promouvoir certaines valeurs et redéfinir leurs propres rôles et fonctions professionnelles (Takacs 1996). La mise à l'agenda international et européen de la biodiversité, notamment avec la Convention pour la diversité biologique (1992) et la directive 92/43/CEE, dite directive « habitats faune flore », a engendré un mouvement de structuration institutionnelle au niveau national. Ainsi, en 2004, sont apparus deux conseils scientifiques sur le modèle de comité pérenne d'experts (Granjou et collaborateurs 2011) et la première Stratégie nationale pour la biodiversité. Au niveau académique, le Programme national Dynamique de la Biodiversité et Environnement a donné naissance à l'Institut français de la Biodiversité (IFB) en 2000 puis à la Fondation de recherche pour la Biodiversité en 2008. L'IFB s'est donné l'objectif de promouvoir des connaissances utiles pour la décision et l'action par une politique de financement de projet. Cette politique a explicitement visé à résoudre un problème d'interface entre science et politique (Emprin 2012). Par cette double structuration politique et scientifique autour de la biodiversité, les tensions entre exigence de pertinence sociale et exigence de neutralité se sont réduites (Mauz et Granjou 2011), il est devenu plus légitime de s'engager dans l'expertise ou au sein d'un conseil scientifique d'un espace protégé.

Néanmoins, les politiques nationales de biodiversité sont, depuis quelques années, le lieu d'une « réforme permanente » qui déstabilise les acteurs de l'expertise (Coreau et collaborateurs 2013). Coreau, Nowak et Mermet (2013) montrent que ce contexte défavorise les chercheurs les plus engagés au profit, notamment, de chercheurs actifs dans le monde académique revendiquant une posture de neutralité. De même, l'investissement dans l'expertise est particulièrement dépendant, non pas des seules aspirations politiques des individus, mais de « paramètres internes au fonctionnement du monde académique » tels que la capacité à articuler l'expertise et le travail de recherche (Granjou et collaborateurs 2013). L'évolution des conditions de travail du chercheur a une influence sur sa capacité d'engagement. La montée des financements compétitifs sur projet a des conséquences aussi bien sur les stratégies des laboratoires (Louvel 2011) que sur les pratiques individuelles pour sécuriser des opportunités de financement (Barrier 2011). Ces constats incitent à un déplacement de la question de l'engagement des chercheurs vers les pratiques de production des connaissances et leurs modalités : dans le monde académique, quelles sont les pratiques autour de la biodiversité ?

La recherche sur la biodiversité peut prendre des formes assez contrastées. Elle véhicule alternativement une volonté de modernisation de l'écologie ou une ambition de démocratisation des sciences. La première aspiration donne lieu à la mise en place de plateformes telle que *long-term socio-ecological research* qui diffuse, dans les pays européens, une vision scientifique commune fondée sur les exigences d'interdisciplinarité, de recherche sur le long terme et de partage de données (Mauz et collaborateurs 2012). De même, la collecte des données et leur gestion sous forme de base de données se multiplie et pose de nouveaux défis en termes de rapports de légitimité entre les différentes disciplines (Bowker 2000). Le développement d'instruments tels que les bases de données rend accessible et compilable un grand nombre d'informations sur les milieux, les espèces ou leur patrimoine génétique ; ceci tend à rationaliser le rapport à la nature tout en constituant un enjeu de démocratisation des sciences (Elis et collaborateurs 2010). Parallèlement, le développement des sciences citoyennes reconfigure la place donnée aux amateurs dans les sciences naturalistes (Charvolin et collaborateurs 2007) et tend à organiser des observatoires des sciences participatives de la biodiversité (Salles et collaborateurs 2013). Il existe une diversité des pratiques et des enjeux autour de la biodiversité ; se traduise-t-elle par une pluralité de postures ?

Saisir les postures

La posture peut être définie comme « la position que le chercheur occupe par rapport à ses objets de recherche, à ses interlocuteurs, à son terrain, mais aussi à ses pairs et aux institutions qui structurent son activité » (Bobbé et Alphandéry 2014, p. 6). Comprendre la posture des chercheurs nécessite de travailler sur le sens que ces producteurs de connaissance donnent à leurs pratiques et à leur parcours au fils du temps. Issu d'une animation transversale du programme de recherche « Agriculture, Biodiversité et Action publique », *Raconter le paysage de la recherche* de Mougenot (2011) met en relation des récits de chercheurs sur le thème de la biodiversité. Les réunions collectives organisées par Mougenot sur la question de la réflexivité sont très ouvertes et autorisent les membres du programme à parler de la biodiversité selon des registres plus ou moins familiers. Elle est évoquée comme découverte liée à l'enfance sur le registre sensible ou celui du souvenir ; elle est l'occasion de rappeler l'histoire du champ de la protection de la nature ou des collaborations scientifiques tissées.

> *« L'évocation des rencontres, des études, des terrains permet aux chercheurs de montrer en quoi la biodiversité peut être un motif d'interpellation et/ou de recomposition de leur posture de recherche, cette trajectoire souple, modelée par des attirances, des alliances, des connexions, des bifurcations » (Mougenot 2011, p. 44).*

Les chercheurs du programme interdisciplinaire « Agriculture, Biodiversité et Action publique » semblent se reconnaître dans cette thématique qui leur offre l'occasion de se raconter. Dans quelle mesure est-ce le cas des scientifiques en écologie ? L'enquête de Daccache (2011) dans un laboratoire de sciences de la vie met en évidence le rôle de la notion de biodiversité pour faire tenir ensemble des membres de l'équipe dans un contexte de réorganisation institutionnelle. Ainsi, le collectif accepte de se redéfinir autour de la biodiversité qui apporte une nouvelle visibilité et de nouvelles collaborations. Cette thématique apparaît simultanément comme un lieu commun autour duquel se réunir et un élément de différenciation renvoyant à des trajectoires personnelles. Si la question de la biodiversité peut résonner de manière très intime pour certains chercheurs, d'autres l'appréhendent comme une injonction institutionnelle. Comment la biodiversité est-elle investie par les chercheurs au fil de leur carrière et quels sont les paramètres qui organisent les différentes postures ?

Entretiens et registres discursifs

À partir de 2008, nous avons effectué vingt-cinq entretiens semi-directifs avec des chercheurs, en science biologique principalement, à propos de leurs parcours et de leurs rapports à la question de la biodiversité. La politique de financement de projet de l'Institut français de la Biodiversité (IFB) ayant été particulièrement structurante pour la communauté de la recherche scientifique, les chercheurs ont été choisis, et se sont cooptés, au vu de leur implication dans cette dynamique nationale (Programme national Dynamique de la Biodiversité et Environnement, IFB, Fondation Française pour la biodiversité, Stratégie nationale pour la biodiversité, etc.) mais aussi en fonction de leurs engagements locaux autour de trois pôles de recherche : Paris, Montpellier et Lyon. Les chercheurs rencontrés ont des activités de recherche variées dans les domaines de la biologie de l'évolution, de la dynamique des populations ou du fonctionnement des écosystèmes : des pratiques naturalistes impliquant des prélèvements biologiques ou l'observation, de la modélisation, des protocoles expérimentaux en laboratoire ou *in situ*. Une dizaine de chercheurs développe des problématiques issues des sciences sociales, notamment par le biais de collaborations. Toutefois, seulement deux chercheurs en sciences sociales (anthropologue et géographe) ont été interrogés. Les rattachements institutionnels sont variés : universités, CNRS, muséum ou Institut de recherche et de développement, et les chercheurs sont, pour la plupart, détenteurs d'une habilitation à diriger des recherches (HDR). Ces chercheurs sont principalement des hommes et pour partie à la retraite. Ils ont soutenu leurs thèses dans les années 1970 (onze d'entre eux) et les années 1980-1990 (dix d'entre eux). Sur le rôle de la question de la biodiversité dans les carrières de recherche, seuls quatre jeunes chercheurs ont été interrogés. Néanmoins, le travail de doctorat a été l'occasion de rencontrer de nombreux chercheurs impliqués dans des projets de recherche sur la biodiversité ; des observations ethnographiques et d'autres entretiens permettent également d'étayer le propos de cette contribution.

Les récits de carrière sont l'occasion d'expliciter les significations données à la biodiversité et les opportunités qu'offre cette thématique pour les chercheurs. La nature de la notion de biodiversité est relationnelle (Delord 2009), ceci est particulièrement visible dans la première partie de l'ouvrage collectif *Les biodiversités. Objets, théories, pratiques* (Marty et collaborateurs 2005) dans lequel se rencontrent diverses définitions de la notion (Blondel, écologue), divers niveaux de signification pour saisir son sens (Micoud, sociologue) et divers niveaux d'organisation ou multiples systèmes (Arnoult, géographe). Il s'agit toujours d'articuler et de mettre en relation des unités que ce soit des niveaux d'organisation du vivant (gène, espèce, écosystème), des visions différentes (scientifique, politique, éthique) de la nature ou des manières d'appréhender un phénomène complexe. Nous observerons pour notre part, de manière la plus large possible pour englober les catégories ci-dessus, la mobilisation et l'articulation de registres discursifs dans les entretiens. Les différents sujets ci-contre ont été abordés : rupture et continuité entre biodiversité et diversité biologique, paradigmes scientifiques, charge idéologique, financement, collaboration, évolution de carrière et politique d'établissement, interface avec d'autres professionnels (gestionnaires, responsables politiques, industriels et entrepreneurs), dimension législative, rôle du chercheur, rapport au grand public et aux médias. Ces thématiques ont été classées selon quatre registres discursifs : scientifique, institutionnel, politique et médiatique afin de rendre compte de la manière dont ceux-ci étaient, ou non, articulés. Les registres discursifs ne veulent pas cloisonner ce qui relève du scientifique ou du politique[1] et constituent uniquement un outil méthodologique pour mieux saisir les postures des chercheurs. L'usage des registres discursifs et les pratiques de communication des chercheurs permettent de distinguer quatre postures de recherche : les « outsiders », les « mobiles », les « avocats » et les « poils-à-gratter ». La cartographie est un moyen pour visualiser les résultats tout en soulignant les fortes continuités entre postures voire les circulations possibles à l'occasion de trajectoires professionnelles (Demazière 2013).

Quatre postures

Travailler sur la notion de biodiversité offre une multitude de possibilités en termes de choix d'activités et d'interlocuteurs ; les chercheurs lient cette notion à des opportunités de rupture épistémologique, de collaboration, d'interaction avec des professionnels de la gestion de la nature ou d'intervention à destination du grand public. Les postures visent à décrire quatre manières de saisir (ou non) ces opportunités professionnelles en laissant de côté la question des attachements à la nature qui n'a été que peu abordée par les chercheurs.

Les « outsiders »

Les « outsiders » investissent faiblement la thématique de la biodiversité et se positionnent comme extérieur à la dynamique à l'œuvre. Certains évoquent ces opportunités comme une chance pour la communauté scientifique sans que cela se matérialise dans leur propre parcours professionnel. Ils travaillent parfois sur une espèce non menacée ou ne se sentent pas concerné par ce qui peut leur apparaître comme un effet de mode ; dans ce second cas, nous verrons qu'ils se rapprochent des « poils-à-gratter ». La biodiversité n'est pas la catégorie qui organise leurs travaux et leurs engagements bien qu'elle puisse être utilisée comme un mot-clé pour désigner une partie de leur activité ou se trouver dans l'intitulé du programme de recherche auquel ils participent.

Ce groupe, relativement hétérogène, mobilise alors différents registres discursifs autour d'autres thématiques connexes. L'ingénierie écologique, l'environnement ou l'écologie du paysage sont des notions qui facilitent le dialogue avec une diversité d'acteurs et structurent la carrière de certains chercheurs :

> *« il y a eu plusieurs étapes dans le développement de la recherche environnement (...) avec une dimension préoccupation sociale forte, un lien avec l'action fort, etc. et comme moi j'avais ce goût depuis le départ, ça m'a amené un peu à intervenir dans ces trucs-là. »*

La recherche en sciences de la vie est traversée par de multiples mouvements de structuration et une diversité d'opportunités professionnelles, ce dont rendent compte les « outsiders » qui ne se focalisent nullement sur la notion de biodiversité mais expérimentent différentes « entrées » sur le terrain et avec les partenaires :

> *« je serais arrivé avec mes petits animaux, mes petites plantes je n'aurais jamais communiqué ; avec l'écologie du paysage je suis au même niveau qu'un sociologue pour pouvoir parler de l'aménagement du territoire, de l'influence de l'activité humaine sur des déplacements animaux... Et donc ça c'était un point assez fort qui a boosté un peu le sujet. »*

Cet exemple montre la dimension communicationnelle des stratégies professionnelles, il s'agit de choisir la bonne notion pour engager le dialogue. Les « outsiders » font donc un usage occasionnel et situé de la biodiversité et se rapprochent, en ce sens, des « mobiles ».

Les « mobiles »

Les chercheurs qualifiés de « mobiles » saisissent les opportunités professionnelles liées à la notion de biodiversité, ils la mobilisent spécifiquement pour mener un dialogue avec une catégorie d'acteurs. Ainsi, les « mobiles » s'investissent particulièrement dans un registre discursif donné ou dans l'articulation de deux registres.

Au sein de la communauté scientifique, la biodiversité est une opportunité de collaboration qui demande un travail de mise en relation d'individus et de laboratoires dans une logique d'association de compétences scientifiques :

> *« une fois qu'on a dit ça on ne peut pas faire que du biologique ou que du microbien, ça veut dire forcément avoir des compétences en qualité des matières organiques, en cycles biogéochimiques avec des isotopies par exemple, avoir des compétences peut-être en agronomie. »*

Les chercheurs décrivent les tentatives de collaborations plus ou moins fructueuses à l'occasion de projet de recherche. Le dialogue interdisciplinaire se déroule également au sein du conseil scientifique qui évalue les projets de recherche ; un chercheur témoigne d'ailleurs de son intérêt pour un tel travail au sein du conseil scientifique de l'Institut Français de la Biodiversité :

> *« on avait des gens de sciences politiques, beaucoup d'anthropologues donc les sciences humaines étaient très très présentes. Ce n'est pas toujours facile parce qu'on a des accrochages, c'est des représentations mutuelles, c'est des discours avec des mots qui ne veulent pas dire la même chose. »*

Si certains « mobiles » consacrent de l'énergie à un dialogue avec les chercheurs en sciences de la terre ou en sciences sociales, d'autres s'engagent auprès d'acteurs institutionnels pour l'animation de la recherche ou pour l'expertise scientifique :

> *« j'ai animé une expertise scientifique collective sur la biodiversité (...) donc il y a l'interfaçage avec ces ministères, essayer de traduire leur demande aux chercheurs. »*

Ces chercheurs insistent sur la nécessité de faire dialoguer les sciences avec les acteurs institutionnels, politiques ou économiques décrits comme demandeurs et intéressés par le regard des chercheurs sur la biodiversité. Les modalités de ce dialogue sont alors spécifiques en fonction des interlocuteurs et sont présentées comme des investissements importants en temps et en travail :

> *« on est en train de mettre en place des conventions avec toutes sortes d'organismes de gestion dans la région, je participe au schéma régional de la biodiversité avec la région, mardi prochain je prépare un exposé pour proposer un appui scientifique de la recherche de données à la mise en place d'un schéma régional pour la biodiversité qui sera adopté par le conseil régional. »*

Il s'agit, selon les situations, d'un travail de traduction des demandes politiques en problématiques scientifiques, de reformulation des savoirs par la production de supports adaptés qui peuvent être descriptifs ou argumentatifs. Dans le cas d'un dialogue avec les associations de protection de la nature, la circulation des connaissances peut s'inverser, positionnant les chercheurs comme demandeurs de compétences naturalistes :

> *« la compétence floristique et faunistique elle est de plus en plus en dehors de la recherche, c'est-à-dire que les chercheurs ils savent travailler sur un modèle biologique, ils savent reconnaître les aspects sur lesquels ils travaillent. Mais pour travailler le niveau de la biodiversité (...) c'est quand même rare. C'est une liaison qui devient de plus en plus nécessaire à cause de ça. »*

L'importance des collaborations entre naturalistes et écologues s'accroît également du fait de besoins massifs de données dus à de nouvelles approches par la modélisation (Granjou et Mauz 2011) En effet, l'interaction avec les acteurs du monde social encourage la production de prédictions et de scénarios reprenant le modèle du changement climatique comme schéma d'influence à suivre pour les sciences de la vie. Si les options épistémologiques ou politiques sont variées, les « mobiles » sont des chercheurs qui partagent un goût pour la transmission des connaissances et le dialogue avec des acteurs de différents mondes sociaux.

> *« je m'intéresse plus à faire de l'animation et des réseaux, c'est-à-dire en étant dans plusieurs conseils scientifiques, à l'IFR biodiversité ici, en étant conseiller scientifique d'untel (...) c'était beaucoup plus intéressant de faire des passerelles entre*

différentes communautés, faire passer des idées, monter des choses... »

Pour ce faire, ils sont amenés à se déplacer, comme le chercheur ci-dessus, au sein même du monde académique entre réseaux ou dans des organisations frontières telles que les conseils scientifiques (Arpin et collaborateurs, dans cet ouvrage). À ce titre, ils participent à l'élaboration et à la circulation des objets-frontières (Star et Greisemer 1989) tels que des données ou des textes qui permettent la coordination entre acteurs de différents mondes sociaux. Cette activité implique également un travail sur la signification même de la notion de biodiversité pour ces différents interlocuteurs. Les « mobiles » s'investissent généralement dans le dialogue avec une catégorie d'acteurs mais peuvent également démultiplier cette mise en dialogue et ainsi tendre à devenir des « avocats » de la biodiversité.

Les « avocats »

Ces chercheurs investissent très fortement la notion de biodiversité ce qui les amènent à réinterroger leur propre rôle de chercheur dans la société. Cette notion offre de nombreuses opportunités professionnelles ; pour en rendre compte, les chercheurs mobilisent et articulent différents registres discursifs. Ils défendent une conception holistique de la biodiversité qui présente plusieurs ruptures. La première est épistémologique comme en témoigne le passage de la notion de diversité biologique à la biodiversité :

> *« je me suis pris au jeu, je suis allé à Rio et puis après j'ai vu l'intérêt justement, c'est pour ça que moi j'insiste sur le fait que c'est pas la même chose que dire diversité du vivant. C'est un concept qui a été forgé dans un certain contexte et il y a une rupture épistémologique forte »*

Cette rupture est également politique puisqu'elle concerne spécifiquement le statut des sciences dans la société ; ces dernières ne peuvent plus s'extraire des systèmes politiques et sociaux desquels elles sont issues. Les « sciences de la biodiversité » sont engagées pour la protection de la nature sans que cette nature soit une donnée fixe et figée. Pour certains, il ne s'agit pas seulement d'apporter des connaissances sur l'état de la nature mais d'aider ces acteurs du monde social à déterminer la nature souhaitée :

> *« le bon état de la nature ne s'impose pas comme une évidence, que l'on n'a pas le droit de dire, notamment lorsqu'on est scientifiques experts, ce qui est bien c'est ça. Mais c'est plutôt d'aider à la négociation finalement, entre acteurs. »*

Ce déplacement du rôle du chercheur se concrétise par un intérêt accru pour les sciences sociales – épistémologie, histoire et philosophie notamment – qui contribuent à nourrir un positionnement précis des chercheurs au sein de la société. Les registres politique et scientifique sont fortement articulés puisque le rôle du chercheur est exprimé en termes d'engagement, et les registres institutionnel et médiatique sont mobilisés pour traduire cet engagement en pratique. En effet, ces « avocats » développent un important travail argumentatif pour transformer le cadre institutionnel qui est le leur et intégrer les différents enjeux dans de nouveaux dispositifs :

> *« il faut amener les organismes de recherche à travailler ensemble, c'est la pré condition pour que les communautés scientifiques passent ensemble, c'est nécessaire mais pas suffisant. Et il faut également convaincre les communautés scientifiques qu'elles ne peuvent pas rester dans une démarche héritée de la philosophie du dandysme c'est-à-dire le poète en haut de sa tour d'ivoire qui, du haut de sa tour, voit le monde et éclaire la société. »*

Ces chercheurs décrivent un certain nombre de situations où il s'agit de convaincre les uns et les autres de la pertinence de la question de la biodiversité comme focale pour travailler dans une même direction. Ainsi, un directeur de recherche raconte la manière dont il a proposé de dépasser, dans son établissement, les conflits entre chercheurs de différentes cultures épistémiques :

> *« pour moi il y a trois domaines, il y a le changement climatique, la biodiversité et le développement durable (...) ces deux groupes ne s'entendaient pas, se battaient. Une des premières phrase de mon texte, c'était que l'écologie fonctionnelle et l'écologie évolutive moi je ne voyais pas ce que c'était, j'étais trop bête pour comprendre la différence. »*

Ces chercheurs font alors un usage stratégique de la notion de biodiversité comme lieu commun propre à réconcilier des cultures épistémiques. Les cultures souvent désignées, avec quelques nuances suivant les individus, sont l'écologie fonctionnelle, l'écologie (biologie ou génétique) évolutive, la biologie moléculaire, la systématique ou la taxonomie, la biologie de la conservation, l'écologie des écosystèmes, etc.

L'activité du chercheur en posture d'« avocat » se diversifie : les dimensions relationnelle, organisationnelle et managériale deviennent très importantes. Cela nécessite d'aller mobiliser des financements, de mettre des collectifs en lien, d'être présent dans différents espaces pour percevoir ce qui fait sens en termes de recherche pour tels et tels groupes. Les parcours de ces chercheurs sont marqués par un travail dans les coulisses des politiques scientifiques où il est question de stratégie d'influence entre communautés scientifiques et de relations avec des chefs de laboratoires ou d'établissements. Ce travail est très hétérogène et touche, du fait de la conception holistique de la biodiversité, des domaines de compétence très larges. Aussi, un directeur de recherche décrit en ces termes les efforts effectués pour conserver un bon niveau de connaissance et une crédibilité importante :

> *« pour ne pas perdre pied dans les domaines sur lesquels vous ne travaillez pas (...) c'est de faire partie de l'association internationale, (...) ça vous fait un filtre en général efficace. (...) C'est d'enseigner dans les matières sur lesquels vous ne travaillez pas (...) La crédibilité, vous l'aurez ou vous ne l'aurez pas selon que vous resterez ou que vous ne resterez pas un scientifique. Donc il faut s'astreindre à continuer à publier, continuer à enseigner, continuer à diriger des thèses. Bref, ça suppose de ne pas trop dormir. (Rires) »*

Dans ce cas, la stratégie professionnelle est particulièrement explicite et vise à rester compétent alors que le temps consacré à l'activité proprement scientifique est réduite du fait des tâches précédemment évoquées. Si tous n'ont pas les mêmes exigences, les chercheurs en posture d'« avocat » sont des personnes particulièrement engagées dans leurs carrières.

Les « avocats » ont également des pratiques médiatiques et éditoriales structurées autour de la question de la biodiversité. Ils sont auteurs de livres qui s'adressent à un public non strictement scientifique, apparaissent dans des films ou interviennent à des émissions de radio. Ils évoquent leurs rapports aux journalistes, aux étudiants et au grand public selon des termes argumentatifs :

> *« je fais aussi beaucoup de conférences grand public et je me suis aperçu qu'au début il y avait une fraction non négligeable de l'auditoire qui n'y croyait pas. (...) C'est pour ça que j'ai blindé mon discours de manière à le rendre vraiment convaincant. »*

Ce sont souvent des orateurs rapportant de multiples situations d'énonciation lors desquelles ils défendent une conception holistique de la biodiversité auprès de différents publics. Cette conception, intégrant les enjeux scientifique, politique, institutionnel et médiatique, se veut fédérative de la communauté de recherche ; cependant, les « poils-à-gratter » sont critiques d'une telle conception.

Les « poils-à-gratter »

Ces chercheurs investissent fortement la notion de biodiversité mais de manière critique ; ils dissocient les registres et les usages de la notion, pour eux la biodiversité résulte d'une mode et sert des intérêts partisans. Ils se rapprochent des « avocats » par des pratiques médiatiques importantes et une mobilisation des sciences sociales pour contester certains usages de la notion. Contrairement aux « avocats », ils conceptualisent la question de la biodiversité en continuité avec celle de diversité biologique et se positionnent contre l'idée de rupture épistémologique. Critique de la dimension scientifique de la notion, les « poils-à-gratter » s'appliquent à mettre en évidence les charges idéologiques d'une telle notion :

> *« ce qui m'intéresse c'est un peu de casser cette notion stéréotypée de biodiversité en critiquant notamment certains thèmes trop... qui sont pris sans critique, notamment le thème des plantes invasives »*

Ils dénoncent par exemple l'attachement spécifique aux grands mammifères qui se cache derrière cette thématique au détriment d'une prise en compte des végétaux. Pour certains, la biodiversité se fonde sur une représentation de l'homme uniquement destructeur de la nature, sans prise en compte des phénomènes de spéciation (création de nouvelles espèces au fil du temps). Une critique répétitive est celle de la vision fixiste de la nature attachée à la biodiversité comme collection d'espèce :

> *« on n'avait pas la même conception de la biodiversité. Et quand il aurait mis toute la biodiversité dans toutes ces petites boîtes, et bien il aurait perdu la biodiversité en ce que celle-ci se trouve dans les interactions entre les petites boîtes (rires). »*

Ces scientifiques considèrent souvent que la notion de biodiversité a été l'occasion de vivifier la systématique et la taxonomie au détriment d'une vision dynamique. Ainsi, cette notion est dénoncée comme faisant l'objet d'appropriation opportuniste par des spécialistes d'une espèce ; ils critiquent les jeux de chapelle entre disciplines :

> *« les collègues de sciences humaines ils sont particulièrement territoriaux et que de toute manière si je leur parle d'écologie ou de biodiversité, ce qu'ils veulent me démontrer c'est que leur discipline, elle est incontournable. »*

Là où les « avocats » tentent d'utiliser la notion de biodiversité comme élément fédérateur d'une communauté scientifique, les « poils-à-gratter » font état d'un échec de cette ambition voire d'un jeu de dupe. Ils distinguent les cultures épistémiques ou les conceptions de la biodiversité : la biodiversité remarquable, c'est-à-dire les espèces emblématiques, est, par exemple, opposée à la biodiversité commune ou ordinaire.

La critique d'un usage opportuniste de la notion est parfois généralisée à l'ensemble des scientifiques qui, étant alarmistes, cherchent à obtenir des financements :

> *« ce qu'il y a de nouveau simplement c'est qu'on a pris la bannière biodiversité pour tirer des sonnettes d'alarme, en disant voilà nous les humains on saccage la planète, on pousse à l'extinction un nombre d'espèces démesuré etc. etc. qui a été récupéré aussi par les scientifiques pour essayer de récupérer des crédits. »*

Une telle dénonciation présente une continuité entre la posture d'« outsider » et de « poil-à-gratter », ces chercheurs n'investissent que faiblement la notion de biodiversité.

Au-delà de cette critique, ce sont les registres scientifique et politique que les « poils-à-gratter » dissocient. Ceci peut avoir deux conséquences contrastées en termes de carrière. D'un côté, certains abandonnent l'idée d'engagement de la recherche en considérant que les choix politiques reviennent pleinement à la société :

> *« les réponses, elles viendront forcément de la société. Si la société n'apporte pas les réponses ce n'est pas les écologistes qui vont les apporter. »*

De l'autre, des chercheurs renoncent à l'avancement de leur carrière pour conserver un engagement fort dans une activité associative autour de la protection de la nature :

> *« j'avais fait ce choix, si vous voulez de consacrer une partie de mon temps bénévolement à partir du moment où bon j'ai très bien su que je ne serais jamais prof, parce que si j'avais voulu être prof il aurait fallu que je délaisse une partie de ces activités bénévoles pour publier. »*

Dans les deux cas, la notion de biodiversité n'est pas investie comme moyen d'articuler recherche et engagement comme c'est le cas pour les « avocats ».

Les postures des chercheurs sont la plupart du temps des hybrides des quatre postures décrites précédemment, on peut alors les représenter visuellement (figure 1).

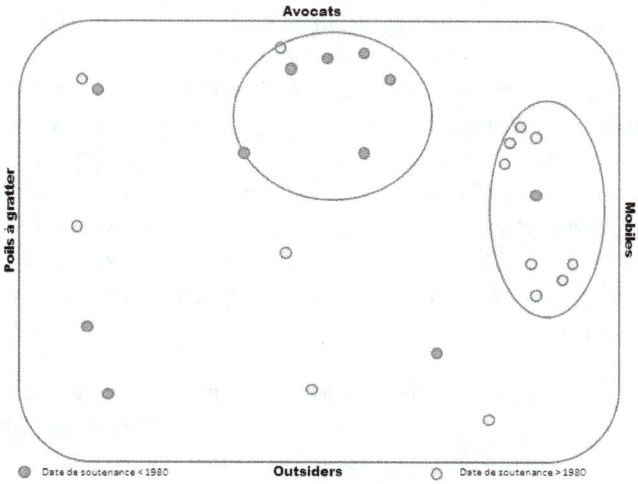

Figure 1. Cartographie des postures

Cette question de posture a été traitée par Norbert Elias (1993) dans *Engagement et distanciation* comme un point sur un continuum entre deux pôles inséparables. Pour Didier Fassin (1999) reprenant les réflexions d'Elias, il faut distinguer deux axes à ce continuum : l'axe de l'analyse (adhésion/critique) et l'axe de l'action (fondamentale/appliquée). Notre schéma peut également être lu de la sorte : l'axe horizontal peut reprendre celui d'une analyse en adhésion ou en critique avec le discours institutionnel sur la biodiversité ; cependant l'axe vertical concernant l'action ne peut se réduire à la dichotomie appliqué/fondamental et se déplie ici selon l'investissement plus ou moins important que les chercheurs font de la notion de biodiversité dans leur carrière.

La cartographie tend à figer quelque peu les postures, en effet ces dernières peuvent être plus ou moins contextuelles ou stratégiques (Coreau et Guillet, dans cet ouvrage). Ce chargé de recherche en écologie, fait un panorama qualifiant la pluralité des postures au sein de son équipe :

> *« si j'en reviens sur les différentes postures, on a tout le gradient au sein de l'équipe : comme il y a une sociologie critique il y a ceux, à la limite, qui pourraient s'inscrire dans une écologie critique au regard de ce qui est appliqué et de ce qui fonde les applications, donc ils font plutôt de l'écologie théorique tout en ayant quand même un regard sur ce qui est mis en œuvre*

concrètement. Il y a ceux qui s'inscrivent plutôt dans de l'écologie appliquée, et puis il y a ceux qui peuvent l'un ou l'autre mais qui sont aussi très mobilisés dans le champ de l'expertise, dans les différentes commissions, les réserves naturelles, dans les différents milieux associatifs ou les différentes institutions, soit les services déconcentrés de l'État soit les services des Régions. Et puis il y a aussi l'aspect recherche impliquée où là on essaye carrément de s'impliquer autours d'un objet environnemental ou d'une problématique environnementale et où on souhaite aller de l'avant où là il y a un engagement personnel qui peut dépasser l'aspect recherche au sens strict. Et donc on a tout ce panel-là, et ce n'est pas exclusif l'un de l'autre, ça peut être des navigations continuelles. »

Comment expliquer ces postures ? Selon quels paramètres varient-elles ? Les paramètres à prendre en compte sont multiples, certains auteurs évoquent « *les origines du scientifique, ses racines culturelles, son milieu social, son éducation, son cursus universitaire, ses opinions politiques, religieuses, son éthique, son sexe.* » (Brun et collaborateurs 2007, p. 178). Pour répondre à cette question, il faudrait pouvoir densifier l'échantillon et travailler à sa représentativité ; dans le cadre de cette contribution, nous proposons d'aborder la dimension évolutive et générationnelle des postures. En effet, l'investissement de la notion de biodiversité témoigne de différents choix de carrière professionnelle.

Une cristallisation des choix de carrière

L'investissement dans la notion de biodiversité fonctionne comme une ouverture vers un dialogue interdisciplinaire, institutionnel, inter-professionnel, politique ou médiatique. Les différentes modalités de cette ouverture cristallisent des choix de carrière dont la génération des chercheurs semble un paramètre important. En effet, les « avocats » sont principalement des chercheurs ayant soutenu leur thèse avant les années 1980 alors que les « mobiles » l'ont soutenue après cette date (figure 2).

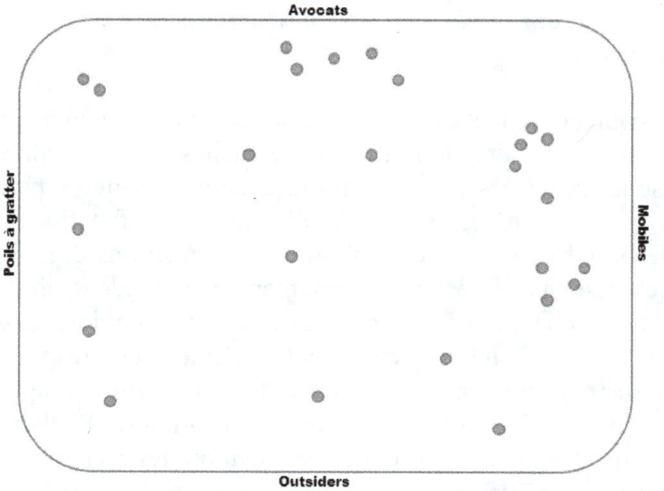

Figure 2. Cartographie des postures en fonction de l'âge des chercheurs

La corrélation entre posture et âge des chercheurs peut être discutée selon deux axes : d'une part, la posture d'« avocat » correspond à une génération de chercheurs ayant participé à l'institutionnalisation de cette question dans le paysage académique français ; d'autre part, les postures évoluent en fonction de la transformation du métier de chercheur.

Il s'agit de comprendre en quoi cette posture a été une ressource dans un contexte révolu et en quoi elle est le résultat de l'évolution progressive de certaines carrières.

Génération et institutionnalisation de la biodiversité

Les chercheurs avec une posture d'« avocat » ont soutenu leur thèse dans les années 1970 et ont pris de plus en plus de responsabilités avec l'avancement de leur carrière au moment où se structuraient les recherches sur la biodiversité. Ces chercheurs évoquent l'importance des programmes du CNRS dans leur carrière : le Programme national Dynamique de la Biodiversité et Environnement[2] qui s'inscrit lui-même dans le Programme Environnement (1990-1994) puis le Programme Environnement, Vie et Société (1994-2003). Nombreux sont les chercheurs qui témoignent de l'importance de ces programmes dans la prise de contacts et l'expérimentation avec de nouveaux interlocuteurs :

> *« j'ai une première chance, c'est que le CNRS... Le Programme Interdisciplinaire de Recherche sur l'Environnement le PIREN m'a demandé de monter un projet d'observatoire (...) Donc ça m'a amené à monter un projet interdisciplinaire avec un collègue*

de l'école qui était philosophe de formation et sociologue d'activité. »

Certains chercheurs rencontrés prennent la coordination de ces programmes et sont confrontés à une multitude d'approches de la biodiversité ; ces dernières sont organisées par réseaux ou champs tels que « perceptions et usages de la biodiversité », « biodiversité et fonctionnement des écosystèmes », « biodiversité et écologie des interactions durables ». Par le biais de ces responsabilités, ils représentent et défendent une conception holistique de la biodiversité ouverte à différentes disciplines et organismes institutionnels. Ces chercheurs endossent également des responsabilités au sein de l'Institut Français de la Biodiversité, du groupe d'experts international pour la biodiversité[3] ou de la Fondation de Recherche pour la Biodiversité qui cumulent un rôle de coordination des recherches françaises et de représentation de ces recherches dans des réseaux européens ou internationaux. Ainsi, ils participent à la mise en place de ces instances nationales et à l'élaboration de leurs discours ainsi qu'à l'écriture de rapports ou de stratégies commandés par les ministères. Ils prennent en charge, à ces occasions, l'injonction d'une science tournée vers l'action et la demande sociale. Les « avocats » se trouvent également dans des situations spécifiques de représentation de leur discipline dans des instances nationales telles que les ministères, le Conseil national des universités (CNU) ou le CNRS.

« j'étais le défenseur des dossiers écologie donc quand on est entouré par des neurobiologistes, des immunologistes, (rires) c'est bon après ça devient un métier. (...) Donc j'ai suivi l'histoire mais toujours en étant extérieur par rapport au ministère, soit pour défendre, y compris quand, de temps en temps, le ministère se demandait si c'est vraiment la peine de renouveler ce GIS. Quand le CNRS ne savait plus où ils avaient mis l'argent qu'il avait promis. »

Ainsi, le travail argumentatif devient un véritable « métier ».

Les chercheurs rencontrés, âgés de 50 à 65 ans, ont des responsabilités importantes au moment de l'institutionnalisation de la question de la biodiversité. Ainsi, la posture d'« avocat » peut être une ressource stratégique (Coreau et Guillet, dans cet ouvrage) pour faire valoir le point de vue des chercheurs en écologie au sein du monde académique en mouvement ; elle se forge en tous cas au fil de situations dans lesquelles les chercheurs contribuent à la politique scientifique pour développer des dispositifs intégrant tous les acteurs autour de la biodiversité. Si cette posture répond aux nécessités propres à un moment de structuration institutionnelle,

elle correspond également à l'évolution des pratiques et positionnements professionnels au cours de la carrière.

Transformation du métier et de la posture

Pour les « mobiles » et encore plus pour les « avocats », l'investissement de la notion de biodiversité s'accompagne d'une diversification des activités et des interlocuteurs. Nous l'avons vu, il s'agit de pratiquer la transmission des connaissances ou de faire un travail argumentatif auprès d'acteurs non strictement scientifiques. Or, le système scientifique étant compétitif, les chercheurs se dédient plus facilement à ce type d'activité à un certain moment de leur carrière :

> *« en tant que jeune chercheur je n'ai pas trop, si vous voulez, tardé là-dessus, j'ai continué le développement de mes thématiques scientifiques pour avancer dans ma carrière tout en essayant de fournir quelque chose pour la conservation de la biodiversité. Et ce n'est que depuis récemment que je passe une énorme partie de mon temps a essayé d'insuffler cette dynamique »*

Certains jeunes chercheurs, s'ils sont peu représentés dans l'enquête, semblent néanmoins attribuer un sens particulier à la question de la biodiversité dans leur carrière comme ouverture vers une autre orientation professionnelle possible. En effet, plusieurs militent, ou ont milité, dans des associations de protection de la nature et considèrent que leur expérience en recherche peut être valorisée dans des postes de gestion de la biodiversité. Ils peuvent mettre en avant des compétences de gestion de programme autour de la biodiversité, comme c'est le cas de cette jeune chercheuse qui ne souhaite pas poursuivre sa carrière académique :

> *« grâce à ce post-doc là je sais que j'intéresse des organismes publics qui s'investissent dans la gestion de programme du type conservation des écosystèmes. (...) Alors que si je n'avais pas fait cette expérience où il y a quand même le mot-clé biodiversité, je pense que je n'aurais pas eu ces retours-là. »*

Si des chercheurs non détenteurs d'une habilitation à diriger des recherches pratiquent les collaborations interdisciplinaires, l'HDR est souvent un cap dans la carrière où s'intensifient les autres types de dialogue (institutionnel, politique, médiatique). Les chercheurs témoignent de l'évolution progressive de leurs activités, qui se décentrent du travail expérimental et deviennent de plus en plus managériales et communicationnelles :

> *« et donc je suis passé des aspect purement recherche fondamentale, d'abord sur un mécanisme bien particulier à des aspects plus synthétiques sur la biodiversité en générale, à la fois sur son étude mais aussi sa conservation et la façon de la faire connaître (...) mon boulot c'est plus de faire les synthèses, d'aller motiver les gens, d'aller chercher de l'argent, aller vendre ce qu'on fait, que de faire de la recherche de base. (...) le fait d'intervenir dans les médias, le fait d'aller porter le discours de toutes les façons possibles, oui c'est très important. »*

L'avancée dans la carrière autorise également les chercheurs à prendre du recul sur leur objet de recherche par la pratique de la vulgarisation scientifique ou par un changement de perspective nourri par les sciences sociales :

> *« maintenant je suis plus, je dirais, comme tous les gens en fin de carrière, je me mets à philosopher, donc je suis plus sur des réflexions sur la signification de la biodiversité et sa dimension éthique, les approches éthiques du problème. »*

Les postures sont évolutives : les jeunes chercheurs peuvent, dans un premier temps, ne pas se sentir concernés par la question (« outsider ») puis l'aborder par sa dimension collaborative et la mobiliser spécifiquement dans un dialogue avec une catégorie d'acteurs (« mobile »). Au fil de la diversification de leur activité, ils peuvent en défendre une conception holistique pour fédérer la communauté scientifique envers des publics (« avocat ») ou critiquer certains usages de la notion (« poil-à-gratter »). En effet, la vision holistique de la biodiversité amène les chercheurs à interroger les dichotomies (sciences naturelles/sciences sociales, nature/culture, science/société) et constitue, à ce titre, un moteur de transformation de la posture de recherche (Dayer 2010).

Conclusion

À distance d'une conception d'un monde académique homogène, notre contribution met en évidence la diversité des postures des chercheurs en écologie. La notion de biodiversité offre un contexte institutionnel propice à l'engagement des chercheurs auprès de différents acteurs, cependant un tel engagement est, au mieux, progressif. Il semble que la question de la biodiversité fasse davantage sens à un certain moment de la carrière professionnelle. Cela peut arriver au moment d'une réorientation de jeunes chercheurs souhaitant sortir du monde académique ou avec la prise de responsabilité des chercheurs en poste. L'évolution des pratiques professionnelles permet souvent d'instaurer des dialogues interdisciplinaires, institutionnels, interprofessionnels, politiques ou médiatiques en fonction des affinités et des opportunités. Si la biodiversité cristallise des options en termes d'évolution de carrière, un tel processus interagit avec l'adhésion, ou non, aux scripts promotionnels des carrières académiques (Dany et collaborateurs 2011). Un fort investissement de cette notion de biodiversité est effectivement corrélé avec un engagement important dans sa carrière et avec une adhésion aux normes académiques, adhésion partielle car il s'agit également de transformer ces normes.

Les différents types de dialogue sont particulièrement marquants et articulés dans la carrière d'une génération de chercheurs en position de responsabilité dans les années 1990-2000, c'est-à-dire à un moment de structuration institutionnelle important autour de cette thématique. Ces chercheurs, souvent en posture d'« avocat », ont défendu une conception holistique de la biodiversité comme moyen de dépasser les cultures épistémiques au sein des sciences de la vie et plus généralement pour fédérer la communauté de recherche dans une logique d'optimisation de l'interface science-société. À ce titre, la notion de biodiversité se rapproche de celle de « développement durable » car elle fonctionne quasiment comme une formule, c'est-à-dire un opérateur de neutralisation de conflit, en l'occurrence épistémique, au sein du monde académique (Krieg-Planque 2010). Cependant, les débats et les distinctions entre différentes conceptions de la biodiversité sont régulièrement réintroduits par les « poils-à-gratter ». Ces derniers déconstruisent ce premier consensus pour aller chercher d'autres lignes de démarcation entre chercheurs. Ces lignes sont épistémiques, nous l'avons évoqué, mais elles sont également politiques puisqu'elles concernent spécifiquement le rôle de la recherche dans la société. Ainsi, les postures se différencient selon la manière d'articuler ou non le travail de recherche et l'engagement : très articulés pour les « avocats » et dans une moindre mesure pour les « mobiles », engagement et recherche sont souvent dissociés par les « poils-à-gratter ». Ces derniers ont un rapport critique à la politique scientifique là où les autres se positionnent davantage en adhésion. Enfin les distinctions de postures touchent à la manière de mobiliser les sciences sociales pour repenser son activité.

Finalement, le fait de s'engager pour la biodiversité, à l'inverse d'une prise de position publique sur la question des OGM, ne semble pas être seulement corrélé à des cultures épistémiques (Bonneuil 2006) mais recoupe des pratiques plus hétérogènes qui gagnent à être décrites en termes de pratiques de communication. La mobilisation de différents registres discursifs a été utilisée comme marqueur de ces pratiques que nous synthétisons ici. Les « mobiles » développent des activités de médiation entre des collectifs et des réseaux au sein même de la communauté de recherche ou entre mondes sociaux ; cela implique d'une part de se déplacer dans différents espaces et d'autre part de faire un travail sur les significations de la notion pour les uns et les autres. Les « poils-à-gratter » mettent en débat les usages de la notion ; ils réintroduisent des distinctions, parfois par le biais de pratiques médiatiques, au sein du monde scientifique. Les « avocats » défendent une vision holistique et promeuvent, pour l'incarner, des dispositifs qui visent à intégrer tous les acteurs concernés par les questions de biodiversité. Les postures définissent les frontières d'un monde scientifique en interaction avec la société selon trois modalités – le dialogue, le débat et le discours de conviction – qui s'hybrident, s'adaptent aux contextes et évoluent au fil des carrières.

Bibliographie

Arpin Isabelle, Cosson Arnaud, Muller Serge et Lefeuvre Jean-Claude — 2015, « Les conseils scientifiques dans la conservation de la biodiversité : des organisations-frontières entre science et société » in : A. Liarsou, C. Beck, F. Kohler, C. Lévêque, M. Kreutzer et P. Pech (eds.), *Sciences et biodiversité : acteurs, enjeux, temporalités*, actes de la journée du 12 décembre 2914, Paris : L'Harmattan.

Aubertin Catherine, Boivert Valérie et Vivien Franck-Dominique — 1998, « La construction sociale de la question de la biodiversité », *Natures Sciences Sociétés* 6 (1) : 7-19.

Barbault Robert — 1993, « Une approche écologique de la biodiversité », *Natures Sciences Sociétés* 1 (4) : 322-329.

Barrier Julien — 2011, « La science en projets : financements sur projet, autonomie professionnelle et transformation du travail des chercheurs académiques », *Sociologie du travail* 53 : 515-536.

Blandin Patrick — 2009, *De la protection de la nature au pilotage de la biodiversité*. Versailles : Editions Quæ, Collection Sciences en questions.

Bobbé Sophie et Alphandéry Pierre (dir.) — 2014, « Chercher. S'engager ? », *Communication* 94.

Bonneuil Christophe — 2006, « Cultures épistémiques et engagement des chercheurs dans la controverse OGM », *Nature Sciences Sociétés* 14 (3) : 257-268.

Bowker Geoffrey C. — 2000, "Biodiversity Datadiversity", *Social Studies of Science* 30 (5): 643-683.

Brun Evelyn, Betsch Jean-Marie, Blandin Patrick, Humbert Geneviève, Lefeuvre Jean-Claude et Marinval Marie-Christine — 2007, « Postures des scientifiques et interdisciplinarité dans le champ de l'environnement », *Natures Sciences Sociétés* 15 (2) : 177-185.

Callon Michel — 1999, « Ni intellectuel engagé, ni intellectuel dégagé : la double stratégie de l'attachement et du détachement », *Sociologie du travail* 41 : 65-78.

Charvolin Florian, Micoud André et Nyhart Lynn (eds.) — 2007, *Des sciences citoyennes ? La question de l'amateur dans les sciences naturalistes*. La Tour d'Aigues : Éditions de l'Aube.

Coreau Audrey, Nowak Claire et Mermet Laurent — 2013, « L'expertise pour les politiques nationales de biodiversité en France : quelles stratégies face aux mutations en cours ? », *VertigO - la revue électronique en sciences de l'environnement* 13 (2).

Daccache Michel — 2011, « La biodiversité, un lieu commun ? Dynamique identitaire d'un collectif de recherche en recomposition», *Terrains et travaux* 18 : 41-59.

Dany Françoise, Louvel Séverine et Valette Annick — 2011, "Academic careers: The limits of the 'boundaryless approach' and the power of promotion scripts", *Human Relations* 64 (7): 971-996.

Dayer Caroline — 2010, « Expériences d'entre-deux et de passage : du blocage de l'action à l'innovation. Dilemmes dans le monde scientifique », *Pensée plurielle* 24 (2) : 31-43.

Delord Julien — 2009, « Ecosophie « Biodiversité insaisissable et anarchisme écologique » in : H.-S. Afeissa (ed.), *Ecosophies, la philosophie à l'épreuve de l'écologie*. Paris : Musica Falsa, 183-203.

Demazière Didier — 2013, « Typologie et description. À propos de l'intelligibilité des expériences vécues », *Sociologie* 4 (3) : 333-347.

Elias Norbert — 1993, *Engagement et distanciation. Contributions à la sociologie de la connaissance*. Paris : Fayard.

Ellis Rebecca, Waterton Claire et Wynne Bryan — 2010, "Taxonomy, biodiversity and their publics in twenty-first-century DNA barcoding", *Public Understanding of Science* 4: 497-512.

Emprin Clémence — 2012, *Les dynamiques communicationnelles dans la recherche en écologie : projet et programme de recherche sur la biodiversité,* Thèse de doctorat en science de l'information et de la communication, École Normale Supérieure de Lyon.

Fassin Didier — 1999, « L'anthropologie entre engagement et distanciation. Essai de sociologie des recherches en sciences sociales sur le sida en Afrique », in : C. Becker, J.P Dozon, Ch. Obbo et M. Touré (eds), *Vivre et penser le sida en Afrique*, Paris : Karthala.

Granjou Céline, Mauz, Isabelle et Daccache Michel — 2013, « Les conditions de l'articulation entre recherche et expertise », *Revue d'anthropologie des connaissances* 7 (1) : 67-86.

Granjou Céline et Mauz Isabelle — 2011, « L'équipement du travail de production de données en écologie. L'exemple de la constitution de la Zone Atelier Alpes. », *Revue d'anthropologie des connaissances* 5 (2) : 287-301.

Granjou Céline, Mauz Isabelle et Cosson Arnaud — 2011, « Le recours aux savoirs dans l'action publique environnementale : un foisonnement expérimental », *Sciences de la Société* 79 : 115-129.

Granjou Céline et Peerbaye Ashveen — 2011, « Sciences et collectifs », *Terrains et Travaux* 18 : 5-18.

Guillet Fanny et Coreau Audrey — 2015, « Développer les connaissances pour améliorer les décisions ? Analyse stratégique du rôle des sciences de la conservation » in : A. Liarsou, C. Beck, F. Kohler, C. Lévêque, M. Kreutzer et P. Pech (eds), *Sciences et biodiversité : acteurs, enjeux, temporalités,* actes de la journée du 12 décembre 2914, Paris : L'Harmattan.

Heinich Nathalie — 2002, « Pour une neutralité engagée », *Questions de Communication* 2 : 117-136.

Jasanoff Sheila (ed.) — 2004, States of Knowledge: The Co-production of Science and Social Order, London: Routledge.

Kinchy Abby et Kleinman Daniel Lee — 2003, "Organizing credibility: Discursive and Organizational Orthodoxy on the Borders of Ecology and Politics", *Social Studies of Science* 33 (6): 869-896.

Kreig-Planque Alice — 2010, « La formule « développement durable » : un opérateur de neutralisation de la conflictualité », *Langage et société* 134 (4) : 5-29.

Louvel Séverine — 2011, *Des patrons aux managers : les laboratoires de la recherche publique depuis les années 1970*, Rennes : Presses universitaires de Rennes, collection Res Publica.

Marris Virginie — 2006, *La protection de la biodiversité : entre science, éthique et politique,* Thèse de Doctorat de Philosophie, Université de Montréal.

Marty Pascal, Vivien Franck-Dominique, Lepart Jacques et Larrère Raphael (eds) — 2005, *Les biodiversités. Objets, théories, pratiques*, Paris : éditions du CNRS.

Mauz Isabelle, Peltola Taru, Granjou Céline, Van Bommel, Séverine et Buijs Arjen — 2012, "How scientific visions matter: insights from three long-term socio-ecological research (LTSER) platforms under construction in Europe", *Environmental Science et Policy* 19: 90-99.

Mauz Isabelle et Granjou Céline — 2011, « Les engagements des chercheurs en écologie. Une approche longitudinale (1970-2010) », *Journées des sociologues du Cemagref*, Grenoble.

Mougenot Catherine — 2011, *Raconter le paysage de la recherche*, Paris : Quae.

Roux Jacques, Charvolin Florian et Dumain Aurélie — 2013, *Passions cognitives. L'objectivité à l'épreuve du sensible*, Paris : Archives contemporaines.

Salles Denis, Bouet Bruno, Larsen Maja et Sautour Benoit — 2014, « À chacun ses sciences participatives. Les conditions d'un observatoire participatif de la biodiversité sur le Bassin d'Arcachon », *ESSACHESS. Journal for Communication Studies* 7 (1,13) : 93-106.

Star Suzan Leigh et Griesemer James R. — 1989, "Institutional Ecology. 'Translations' and Boundary Objects: Amateurs and Professionals in Berkeley's Museum of Verbebrate Zoology", *Social Studies of Science* 19 (3): 387-420.

Takacs David — 1996, *The idea of biodiversity. Philosophy of paradise*. Baltimore and London: The Johns Hopkins University Press.

Notes

[1] La définition de la frontière entre science et politique, thématique classique en études des sciences, est en effet une dimension non négligeable de ce qui nous intéresse ici sous le terme de posture.

[2] Le PNDBE devient inter-organisme en 1997 puis se transforme en programme national dynamique de la biodiversité (PNDB).

[3] IMoSEB (International mechanism of scientific expertise on biodiveristy).

DÉVELOPPER LES CONNAISSANCES POUR AMÉLIORER LES DÉCISIONS ? UNE ANALYSE STRATÉGIQUE DU RÔLE DES SCIENTIFIQUES DE LA BIODIVERSITÉ POUR L'ACTION EN FAVEUR DE LA CONSERVATION

Fanny GUILLET, Audrey COREAU

Introduction

Le déclin de la biodiversité fait désormais partie des problèmes publics (Marhane 2012) et invite à questionner la place et le rôle de ceux que certains nomment directement les « scientifiques de la biodiversité » (Loreau 2010).

L'analyse du fonctionnement de l'interface science-politique en environnement n'est pas un terrain vierge. En France, les premiers jalons ont été posés par l'ouvrage issu du colloque de l'association « Groupe d'exploration et de recherche multidisciplinaires sur l'environnement et la société » (GERMES) où se sont discutées les implications politiques de la figure de l'expert dans le domaine de l'environnement (Theys 1991). En 1994, l'ouvrage de Pierre Lascoumes, *L'éco-pouvoir, environnements et politiques*, a décrit le rôle majeur joué par l'interface entre science et politique pour la gestion de l'environnement et l'élaboration des politiques publiques. Cependant, il a fallu attendre la formalisation de l'érosion de la biodiversité comme problème intégré à l'agenda politique pour que la sollicitation des connaissances scientifiques pour l'action en faveur de la conservation soit analysée et documentée. Ainsi, dernièrement, une nouvelle génération de travaux s'est intéressée plus particulièrement aux politiques de biodiversité (voir par exemple Alphandéry et Fortier 2001 ; Mermet et Benhammou 2005). Ces travaux ont permis de mieux comprendre la place importante faite à la science et l'expertise dans les dispositifs mis en place pour soutenir l'élaboration et la mise en œuvre de ces politiques (Granjou et collaborateurs 2010 ; Coreau et collaborateurs 2013).

Cette dynamique de mobilisation intense des connaissances scientifiques pour la conduite de l'action environnementale est souvent justifiée par les acteurs impliqués grâce à l'hypothèse rationnelle selon laquelle une meilleure connaissance conduirait à de meilleures décisions en faveur de la biodiversité (Coreau et collaborateurs 2013). « Mieux comprendre pour mieux gérer » est un des aphorismes prononcés autant par les pouvoirs publics, qui semblent attendre des résultats de recherche pour agir, que par les porteurs de ces connaissances, qui espèrent qu'elles éclaireront effectivement les débats. Ce type de formule témoigne de la prédominance réelle ou apparente d'une vision à la fois normative des rapports entre sciences et politiques (la bonne science permet de prendre de bonnes décisions) ; linéaire (suivant l'enchaînement : recherches scientifiques, conseils, décisions, actions), et dialogique (il existe deux pôles distincts, science et politique, en interaction).

En sociologie des sciences, cette vision est pourtant qualifiée de naïve (van den Hove 2007 ; Jorstad et Skogen 2010) et a déjà été largement discutée (Latour 1989, Roqueplo 1991), en particulier dans le cas des politiques de la nature (Latour 1999). En partant non pas du statut de la science, mais de l'objet environnement, Philippe Roqueplo tire la même conclusion : « *Les questions (relatives à l'environnement) ne sont pas de l'ordre de la curiosité à satisfaire mais de l'action à entreprendre ; l'environnement n'a pas d'abord à être connu, mais à être protégé. Il constitue d'emblée un concept politique* » (Roqueplo 1991, p. 56). Ainsi, plus d'information ne mène pas spontanément à de meilleures décisions pour plusieurs raisons : le manque d'adéquation entre les informations et les besoins des utilisateurs ; leurs marges de manœuvre limitées dans les contextes de décision et la résistance des processus de décision bureaucratiques au changement ; leur manque de fiabilité ; leur confrontation avec d'autres valeurs et intérêts ; le manque de communication (Sarewitz et Pielke 2007), sans compter que les sciences devant aider à la décision produisent autant de nouvelles incertitudes qu'elles n'en résolvent (Le Prestre et Taravella 2008 ; Mermet et Benhammou 2005).

Cette vision naïve dissimule le fait que les « meilleures décisions » renvoient à un système de valeurs – correspondant dans notre cas à un objectif normatif de conservation de la nature – qui ne peut être éludé pour comprendre les mécanismes qui sous-tendent les relations science-politique (Pestre 2013). Penser la place et le rôle des sciences de la biodiversité dans la société passe alors inévitablement par la reconnaissance de leur dimension politique et stratégique. Céline Granjou et collaborateurs (2010) ainsi qu'Audrey Coreau et collaborateurs (2013) ont documenté une certaine institutionnalisation du recours à l'expertise dans l'élaboration et la mise en œuvre de politiques de biodiversité. L'expertise peut être réellement développée et mobilisée, mais tout aussi bien hâtée et étouffée sous le poids de la procédure qui l'a sollicitée, notamment lorsque la décision politique est déjà prise. Ces travaux appellent donc à un questionnement des formes concrètes de mobilisation des connaissances scientifiques et de l'expertise dans les dispositifs d'interface, et, plus particulièrement, à un questionnement des stratégies des scientifiques qui agissent pour porter ces connaissances dans une optique de conservation de la biodiversité.

Plusieurs précisions doivent être apportées pour délimiter ce questionnement. Il n'est pas possible de décréter que tous les scientifiques travaillant sur la biodiversité agissent pour elle. D'une part, l'écologie (discipline majeure des sciences de la biodiversité) a d'autres champs d'application que celui de la protection de la nature (Picon 1992). D'autre part, tous les écologues ne cherchent pas à influencer l'action en faveur de la biodiversité. La biologie de la conservation (ou plus récemment les sciences de la conservation, Kareiva et Marvier 2012) mérite cependant d'être évoquée car ce champ s'est structuré en revendiquant clairement l'objectif normatif de conservation de la biodiversité comme un but scientifique et politique et en assumant une dimension active de la science. Ainsi, les sciences de la conservation se définissent comme une discipline de crise (Soulé 1985) ayant pour objectif d'enrayer l'érosion de la biodiversité. Cependant, quelle que soit l'école dans laquelle se situent les scientifiques, il n'est ni possible, ni souhaitable de distinguer une fois pour toute et *in abstracto* celui qui agit de celui qui n'agit pas. En revanche, l'entrée des scientifiques en action peut être identifiée et analysée dans des situations réelles, sur des dossiers concrets de politiques ou de gestion de la biodiversité.

Dans cette visée de décryptage du rôle des scientifiques vis-à-vis de la défense des enjeux de biodiversité en situation réelle, l'apport des sciences de gestion est important dans la mesure où cette discipline vise à éclairer les modalités de « l'agir ensemble » (David et collaborateurs 2002, p. 2). Plus précisément, l'étude de ce rôle des scientifiques s'inscrit dans le champ de la stratégie (sous-discipline des sciences de gestion) qui met en exergue les notions d'objectif et d'atteinte des objectifs (Laroche et Nioche 1998). L'analyse stratégique de la gestion de l'environnement (Mermet et collaborateurs 2005) questionne en particulier les responsabilités et les modes d'organisation des acteurs dans les socio-écosystèmes, pour une action normative en faveur de l'environnement. Deux concepts sont centraux dans ce cadre théorique : celui de stratégie et celui d'acteur d'environnement.

Stratégie

En réaction à une certaine dilution du terme de stratégie, Philippe Lorino et Jean-Claude Tarondeau se sont attachés à redéfinir la stratégie et lui donnent les caractères irréductibles suivants : la stratégie est un ensemble d'intentions finalisées, visant au déploiement d'une action organisée, formelle ou informelle, dans son environnement pour agir sur lui. « *La stratégie est également une théorie de l'action en environnement hostile, dynamique, complexe et incertain dont les résultats ne peuvent pas être calculés ou prévus à l'avance* » (Lorino et Tarondeau 2006, p. 317).

L'analyse stratégique de la gestion de l'environnement assume ainsi la dimension adversative inhérente à la stratégie (c'est-à-dire qu'il existe des oppositions de fond entre les acteurs, que la stratégie vise à contourner ou à lever). Elle repose sur le constat que la prise en charge des problèmes environnementaux – en particulier dans le champ de la biodiversité – résulte essentiellement d'une action stratégique d'acteurs d'environnement spécialisés pour faire changer les projets ou les comportements portés et défendus par d'autres acteurs (acteurs sectoriels, acteurs régulateurs), qui menacent l'environnement.

Acteurs d'environnement

Ces acteurs d'environnement sont ceux qui ont une intention de changement portant sur le socio-écosystème visant à améliorer sa gestion en faveur d'un meilleur état écologique. L'acteur d'environnement n'est pas une donnée triviale (celui qui se nomme comme tel serait l'acteur d'environnement). Il n'est pas défini par son statut institutionnel mais par le rôle fonctionnel qu'il joue dans le processus de gestion étudié. C'est un concept critique qui guide l'analyste en lui rappelant de toujours s'attacher à suivre, dans les détours et rebondissements des dossiers, les acteurs qui, dans les faits, portent effectivement face aux autres, la préoccupation environnementale de référence. C'est donc un jeu d'interactions stratégiques qui détermine la manière dont sont, de fait, gérés les écosystèmes et la biodiversité.

Il convient de préciser que, dans cette perspective de travail, les sciences de gestion diffèrent peu de la sociologie de l'action collective en ce sens qu'il s'agit pour nous d'analyser les modes d'action des catégories d'acteurs observés, ici les scientifiques de la biodiversité. L'approche stratégique considère que les actions sont non seulement influencées par les représentations, l'histoire et le contexte social, mais aussi par d'autres facteurs centraux pour aborder les stratégies à l'œuvre (la configuration du système, la légitimité, les moyens, etc.). Elle place au cœur de l'analyse la question de l'intentionnalité des acteurs lorsqu'ils agissent en faveur de l'environnement.

Notre question pourrait alors être résumée ainsi : quelles stratégies les scientifiques déploient-ils lorsqu'ils souhaitent se positionner comme acteur d'environnement pour défendre la biodiversité ? Il s'agit de contribuer à la compréhension des relations entre science, politique et société sous l'angle de l'analyse de la place et du rôle des scientifiques dans la construction et la résolution des problèmes de biodiversité. Prendre les scientifiques de la biodiversité comme objet de recherche et soumettre cet objet à l'analyse stratégique implique d'investiguer les modes de construction des problèmes (à l'origine ou à l'issue des recherches développées par les scientifiques) ainsi que les pratiques, autrement dit les formes de mise en action de la connaissance que les scientifiques adoptent dans les sphères de la recherche et de l'action. Pour approfondir, notre référentiel analytique sera centré sur l'efficacité de ces prises de position et actions des scientifiques, non pour juger leur mérite ou succès, mais pour déceler les formes d'obstacles ou d'oppositions qu'ils vont rencontrer.

Pour contribuer à la compréhension de la place et du rôle des sciences portant la biodiversité dans la société, le texte s'appuiera sur une étude de cas, permettant l'ancrage nécessaire dans des situations concrètes. Celle-ci sera analysée au regard de la typologie des postures des experts proposée par Audrey Coreau et collaborateurs (2013), et présentée de manière synthétique dans la première partie. Ces recherches empiriques permettront de tester sur une situation locale concrète l'utilité de cette typologie pour qualifier les positions et actions des scientifiques vis-à-vis de la défense de la biodiversité dans l'espace public. Nous discuterons enfin les résultats en les replaçant dans le contexte français de l'action en faveur de la biodiversité.

Une typologie des postures stratégiques des scientifiques à l'interface science-politique

Depuis le début des années 2000, et en particulier depuis le Grenelle de l'environnement en 2007, le champ de la biodiversité fait l'objet en France d'une succession de réformes des dispositifs d'interface science-politique et de créations de nouvelles institutions. Le ministère chargé de l'environnement a par exemple commandé trois rapports consécutifs abordant la réforme du Conseil national de la protection de la nature (CNPN), instance historique de l'expertise en matière de biodiversité. Nous pouvons également citer à titre d'exemple la formalisation des Conseils scientifiques régionaux du patrimoine naturel (CSRPN) en 2002 et la création du Conseil scientifique du patrimoine naturel et de la biodiversité (CSPNB) en 2004, puis de la Fondation pour la recherche sur la biodiversité (FRB) en 2008. Face à ce « *foisonnement expérimental dans les dispositifs de recours aux savoirs* » (Granjou et collaborateurs 2010), nous avons souhaité documenter le positionnement des acteurs des politiques de biodiversité à l'interface science-politique, dont les scientifiques font partie. Il s'agissait de comprendre comment les scientifiques s'impliquent et sont mobilisés pour élaborer et conduire l'action publique en faveur de la biodiversité, de manière formelle comme informelle. Notre premier travail s'est centré en 2012 sur les raisons du foisonnement institutionnel, ses conséquences sur la participation des scientifiques à l'action publique, ainsi que sur les stratégies possibles pour continuer à agir dans un contexte mouvant (Coreau et collaborateurs 2013). Ce premier questionnement a été complété par une nouvelle série d'entretiens en 2014, dont l'objectif était d'approfondir les modes d'élaboration de stratégies collectives pour les politiques publiques de biodiversité.

À partir de ces analyses, trois postures stratégiques ont été formalisées en 2013, puis précisées par les entretiens complémentaires. Ces postures partagent toutes la même intentionnalité : la mobilisation des connaissances scientifiques pour renforcer l'efficacité des politiques de biodiversité. Elles diffèrent par la mise en pratique de cette intentionnalité, de manière plus ou moins transparente sur l'une ou l'autre des facettes (la connaissance, l'enjeu normatif ou l'enjeu procédural - voir ci-dessous). Précisons d'ores et déjà qu'il ne s'agit pas de classer tel ou tel scientifique dans l'une ou l'autre de ces catégories mais bien de décrire des formes d'action archétypales, qui sont elles-mêmes mouvantes en fonction des situations de gestion environnementale auxquelles les scientifiques sont confrontés.

Montée en puissance des enjeux de biodiversité : les scientifiques comme gardiens de l'intégrité normative

Les scientifiques, et en particulier les écologues, ont fait partie des acteurs qui ont contribué à l'émergence des enjeux de biodiversité sur la scène politique française (Blandin 2009). Présents dans les associations de protection de la nature et auprès du jeune ministère de l'Écologie dans les années 1970, ils ont été largement mobilisés pour asseoir la légitimité d'actions apparaissant comme nouvelles :

> *« L'administration, dans les services de la protection de la nature, a puissamment encouragé l'activité scientifique. Pourquoi ? Parce que la protection naturelle avait besoin de légitimation, elle n'avait pas de troupes. Elle a trouvé la science comme point d'appui. C'est pour ça qu'elle a massivement développé l'activité scientifique. Face aux administrations qui avaient des structures puissantes (...), elle avait ça, elle. » (Chercheur)*

Dans les premiers temps de l'élaboration des politiques de biodiversité, le lien entre les enjeux normatifs de protection de la nature et la conduite d'une activité scientifique apparaît comme allant de soi. En effet, pour ces scientifiques, que nous qualifierons de « gardiens », l'opposition de principe entre engagement et expertise disparaît derrière l'objectif principal : agir de manière efficace. La légitimité de l'action est ici double : à la fois d'un point de vue normatif et d'un point de vue scientifique. Les « gardiens » sont ainsi très présents au plus près de la décision politique, mais ils peuvent aussi être en retrait et agir comme des lanceurs d'alerte (Chateauraynaud et Torny

1999), notamment lorsque le processus démocratique ne leur permet pas d'accéder aux enceintes décisionnelles.

Cependant, cette stratégie semble, selon nos entretiens, actuellement décrédibilisée. Deux mouvements pourraient expliquer cette évolution : le premier concerne les modes d'élaboration des politiques publiques, le second l'évolution du champ académique. Un décideur du ministère de l'Écologie reconnaît en effet qu'il a été utile de « *mélang(er) la culture scientifique et technique et l'engagement (mais que) maintenant, dans la société contemporaine, c'est plus difficile à accepter* ». La mobilisation des scientifiques ne semble plus répondre à un besoin de légitimation normative de l'enjeu « protection de la nature », mais à une justification procédurale, proche de la vision naïve de l'expertise que nous décrivions en introduction. Par ailleurs, les chercheurs décrivent aussi une évolution interne au champ académique, qui a mené à privilégier les montées en généralités, les dispositifs expérimentaux complexes, l'élaboration de théories robustes, plus que les connaissances pratiques. Les scientifiques engagés, qui affichent de manière un peu trop visible leurs souhaits de contribuer à la préservation de la biodiversité, voient alors leur indépendance et leurs qualités même de chercheurs questionnées :

> *« Vous avez quelqu'un qui a été tué comme ça, c'est X. à Orsay. Il a été décrédibilisé au niveau du CNRS et n'a pas pu résister, et son laboratoire va disparaître »*

La posture stratégique la plus efficace peut alors être d'avancer masqué : c'est ce que font pour partie les « garants ».

Un problème institué : les scientifiques comme garants de la rigueur scientifique

Depuis les années 1990 environ, les scientifiques impliqués dans l'élaboration et la mise en œuvre de l'action publique agissent majoritairement comme des garants de la rigueur scientifique des décisions prises. Afin de trouver une place dans l'arène procédurale des décisions politiques, ils tendent à adopter une posture en apparence extérieure aux conflits de valeurs. Leur présence dans les enceintes de décision permet de rappeler à chacun l'enveloppe des possibles, celle qui serait imposée par l'état des connaissances scientifiques. Un chercheur décrit ainsi son rôle :

> *« La science, ça ne me choque pas qu'elle reste neutre, elle n'est pas porteur d'enjeux, n'a pas d'intérêt constitué. (...) Mais par contre c'est bizarre qu'ils (les chercheurs) ne soient pas autour de la table pour dire 'ce que vous racontez est complètement*

déconnecté de la réalité parce que là il y a telle étude qui montre ceci' ».

La stratégie d'intervention est ici une extension directe du travail scientifique : il s'agit de fournir aux décideurs publics comme privés les informations qui leur permettent de prendre des décisions en toute connaissance de cause.

Cela ne signifie pas que les scientifiques soient naïfs sur le caractère situé de leur prise de parole, ni qu'ils soient exempts de toute intention normative. Mais, comme le dit l'un d'entre eux, ils ont conscience que « ça marche mieux » de présenter les choses ainsi, d'essayer d'infléchir les politiques de biodiversité en s'appuyant sur la légitimité de la démarche scientifique. Ils cherchent à fournir aux décideurs un « gain d'indiscutabilité » (Trépos 1996), où les connaissances scientifiques sont mobilisées dans le but d'accroître la crédibilité d'une décision. Le modèle « naïf » de l'expertise est alors une ressource stratégique mobilisée par les acteurs eux-mêmes afin de maintenir la spécificité de leur rôle, décideurs comme scientifiques, dans une configuration procédurale de l'action publique qui favorise cette séparation des rôles.

Cette stratégie atteint cependant ses limites quand la séparation entre science et politique est telle qu'une incompréhension s'installe, allant parfois jusqu'au blocage.

Un problème institutionnalisé : des scientifiques comme agents de l'interface science-politique

Une stratégie plus pragmatique consiste alors à se positionner comme facilitateur de l'interface science-politique. Lorsque la posture stratégique du « gardien » perd de son efficacité car l'affichage normatif qu'elle suppose n'est plus en phase avec les attentes des acteurs publics, lorsque celle du « garant » conduit à la conduite de travaux de recherche trop en retrait par rapport à l'action, la posture stratégique de « l'agent » tire son efficacité d'une compréhension fine des mondes académique et politique, qui lui permet d'agir « de l'intérieur ». L'agent tient sa force de sa disponibilité, de sa motivation et de sa capacité à s'adapter à des demandes précises, qu'il allie à une bonne connaissance scientifique des enjeux de biodiversité. Cette posture reste néanmoins actuellement minoritaire, parce qu'elle demande un investissement soutenu et constant.

« Une fois qu'on est lancé, c'est extrêmement chronophage, l'interface ! Une fois qu'on est lancé, si on le fait bien, le bouche

à oreille fonctionne et un exposé, une présentation, en entraîne trois autres par ailleurs. » (Chercheur)

Tandis que la posture du « gardien » semble la plus efficace lorsque le levier principal est la reconnaissance de l'importance de l'enjeu, et que celle du « garant » semble adéquate lorsque le levier principal est la prise en compte des connaissances disponibles, il est possible de considérer que cette spécialisation « es interface » relève d'une posture stratégique cohérente et efficace à partir du moment où le levier principal de l'action est la réforme interne des politiques, à laquelle cette posture permet d'accéder. Ainsi, en fonction de l'analyse des principaux points de blocage de l'action et en fonction du contexte de légitimité des politiques publiques, la posture stratégique la plus efficace n'est pas toujours la même.

Ces trois postures archétypales ont été définies à partir d'une analyse de l'expertise nationale pour les politiques publiques de biodiversité. Nous allons maintenant chercher à étudier leur caractère heuristique pour analyser le développement sur le terrain d'une situation d'expertise particulière. Il s'agira ainsi de décrypter les postures archétypales et les tactiques qui constituent les stratégies des acteurs scientifiques impliqués dans un dossier de biodiversité.

Le cas de la démoustication de la Camargue

La question des relations stratégiques entre les scientifiques porteurs de l'enjeu de conservation de la biodiversité, les politiques et la société est ici posée dans le cadre d'un changement dans la gestion d'un territoire. La question est abordée à une échelle locale, sur la problématique de la mise en place récente de la démoustication en Camargue, restée la seule zone du littoral méditerranéen non traitée jusqu'en 2006.

L'étude de ce dossier de biodiversité a débuté en 2010 et fait l'objet d'un suivi depuis cette date. L'analyse présentée ci-après est basée sur des données issues d'une part de la consultation des documents concernant la démoustication en Camargue (rapports d'étude, lettres publiques ou communiqués de presse, articles de presse, articles scientifiques) et d'autre part d'une campagne d'entretiens semi-directifs effectués en 2010-2011, complétés en 2012 et 2013, auprès des différents acteurs du territoire concernés par ce dossier, que ce soit ou non au titre de la biodiversité. Cette méthodologie associant plusieurs modes de construction des données relève de l'étude ethnographique (Olivier de Sardan 1995) pour aborder l'action collective dans le détail (Friedberg 1997, 1993). Nous avons ainsi interrogé les acteurs en les invitant à retracer l'historique du dossier, leur position propre dans le jeu, leurs ressources respectives pour agir et leur interprétation du rôle des autres acteurs.

Jusqu'en 2006, la partie sud-est de la Camargue était restée comme une coupure verte non démoustiquée entre la zone pétrochimique de l'étang de Berre et le tourisme de masse du Languedoc-Roussillon (Picon 1988). Sa vocation de protection de la nature était considérée comme incompatible avec l'application d'une démoustication – utilisant à l'époque les insecticides chimiques - qui affecte la biodiversité (Claeys-Mekdade et Nicolas 2009). Le delta du Rhône était donc jusque-là en dehors de la zone d'intervention de l'Entente Interdépartementale de Démoustication (EID), opérateur public unique créé en 1958 pour démoustiquer les zones dévolues au développement économique.

Des pressions ont cependant toujours été exercées pour remettre en question l'absence de démoustication en Camargue. Dans les années 1990, les acteurs du secteur touristique des zones périphériques à la Camargue ont exercé une pression pour que la mise en place de la démoustication dans le delta du Rhône soit considérée dans le cadre de la révision de la charte du Parc naturel régional de Camargue (PNRC) en 1995-1998, de manière assez forte pour que le PNRC prévoit la réalisation d'études visant à définir les conditions selon lesquelles la Camargue pourrait être démoustiquée (PNRC, com. pers. 2011).

Cet événement marque l'ouverture du « dossier démoustication » en Camargue. Dans la suite du texte, les positions et actions des scientifiques portant l'enjeu de biodiversité sont décrites en pointant leur évolution au fil des rebondissements du dossier.

L'expertise scientifique comme garde-fou pour la protection de la biodiversité

Pour répondre à la pression du secteur touristique, le PNRC a réalisé des études visant à définir des conditions spécifiques pour une éventuelle démoustication de la Camargue. En 2002, le comité syndical et le conseil scientifique du parc ont accepté une démoustication partielle, à deux conditions : premièrement, la Camargue peut être démoustiquée par la lutte biologique à l'aide de la bactérie *Bacillus thuringiensis var. israëlensis* (Bti), dans la limite de 3 L/ha et dans les 48 h suivant la mise en eau naturelle ou anthropique d'un site ; deuxièmement, cette démoustication doit être accompagnée d'un suivi scientifique indépendant. Ces étapes marquent une rupture fondamentale dans le système : d'une opposition nette à la démoustication, le PNRC passe d'une opposition nette à la démoustication à un principe de non-opposition sous conditions. Cela signifie qu'à tout moment, la démoustication peut être décidée par les membres du conseil syndical du parc.

Les acteurs scientifiques et naturalistes locaux, porteurs des enjeux de biodiversité, se sont toujours opposés à une démoustication chimique, mais ne s'opposent pas à une démoustication par lutte biologique si celle-ci s'avère sans incidence sur la biodiversité. C'est pourquoi ceux d'entre eux siégeant à la commission « Protection de la nature, études et recherches scientifiques » du parc se sont mobilisés pour que soient définies ces deux conditions à la démoustication, qui ont été instituées à l'issue de leur pression (PNRC, Tour du Valat, com. pers. 2011). Ainsi, dès les premiers instants de l'ouverture du dossier démoustication, les scientifiques et naturalistes ont plaidé en faveur d'une expertise scientifique comme garantie d'une prise en compte juste de l'enjeu de biodiversité, et ont négocié la conditionnalité de la démoustication en vertu de cette logique de rationalité scientifique (si la science montre des effets négatifs, alors la décision sera prise d'arrêter la démoustication). Ils plaident à ce moment-là en tant que représentant des intérêts de la biodiversité, endossant donc une posture de « gardien ».

Le dossier est resté en suspens de 2002 à 2005, date à laquelle est survenu l'événement qui allait déclencher le passage à l'action. À l'automne 2005, la Camargue a connu un épisode d'éclosion de moustiques inégalée depuis 60 ans. Les élus locaux ont réagi rapidement, pendant la crise, à la demande de la population et le plan inscrit dans la charte du PNRC a immédiatement été utilisé : la démoustication expérimentale pour la période 2006-2011 a débuté sur une première zone, celle de Salin-de-Giraud – Port-Saint-Louis.

Stratégie de publicisation : construire et faire exister le problème

L'expertise scientifique a été mise en place, comme prévu, en parallèle de la démoustication expérimentale pour un premier cycle 2006 à 2011. Plusieurs taxons ont fait l'objet de suivis. La Tour du Valat, fondation agissant pour la conservation des zones humides méditerranéennes, a développé un protocole de suivi pour le compartiment « oiseaux » (les passereaux paludicoles et l'hirondelle des fenêtres, *Delichon urbicum*). L'université de Provence avait déjà effectué un travail sur les chironomes qui a été poursuivi dans ce cadre. Le Groupe des chiroptères de Provence (association GCP) a mené un suivi des chiroptères, l'Office national de la chasse et de la faune sauvage (ONCFS) a travaillé sur les odonates et le Syndicat mixte de gestion de la Palissade (domaine du Conservatoire du Littoral) a mis en place un suivi du comportement de la faune vis-à-vis du dérangement lié au passage des agents de l'EID sur leur terrain.

Pour les acteurs, (*i.e.* les associations et les scientifiques porteurs de la biodiversité), plaider pour une expertise sur les incidences de la démoustication et y participer sont deux choses très différentes, avec des implications stratégiques propres. Pour le comprendre, il faut préciser que le défi scientifique était de taille. En effet, la littérature considérait jusque-là le Bti comme « *non toxique pour les humains, les mammifères, les oiseaux, les plantes et la plupart des organismes aquatiques* » (Lacey et Merritt 2004 ; Boisvert et Boisvert 2000). Sa toxicité n'avait jamais été montrée en milieu expérimental, et encore moins en milieu réel. Bien que de nombreux scientifiques et naturalistes aient eu l'intuition que le Bti avait une incidence en milieu naturel, le risque était grand de ne pas parvenir à la démontrer et donc de conforter une gestion contraire à leurs objectifs normatifs. Cependant, comme le montre ce témoignage d'un membre de la Tour du Valat, la participation à l'expertise était, pour les scientifiques, un moyen de garder une place dans le débat :

> *« On était à la fois très peu confiants sur le fait qu'on soit capable de démontrer quelque chose en milieu réel. Oui, mais (...) est-ce qu'on sera mieux armé pour s'opposer à la démoustication si on ne participe pas au suivi scientifique et qu'on se dit nous-mêmes experts des milieux naturels camarguais ? On ne peut pas refuser de jouer notre rôle d'experts que l'on revendique sans nous mettre en position de critique dogmatique » (Tour du Valat, com. pers. 2010).*

Ainsi, la mise en place de ce suivi indépendant plaçait ces acteurs agissant pour la conservation face à un double défi. Défi méthodologique et scientifique : aucun travail scientifique n'était jusque-là parvenu à démontrer un effet du Bti en milieu réel. Défi politique : en portant des enjeux de conservation de la biodiversité, ces acteurs doivent être crédibles et légitimes sur le plan scientifique et à même de démontrer la fiabilité de leurs travaux (Guillet 2011 ; Theys 1991). Pour cela, ils endossent une posture de « garant », où leur priorité est d'assurer la fiabilité scientifique de l'étude en écartant d'éventuelles accusations de dogmatisme.

Après quatre années de suivi, l'ensemble des études décèle des effets nets dans chacun des compartiments étudiés. Ces résultats placent les scientifiques dans une nouvelle situation : leur expertise permet d'établir que le Bti, a priori envisagé comme un produit inoffensif, constitue bien un problème pour la biodiversité, qu'il devient possible de cerner clairement : perturbation de chaînes trophiques, dérangement de la faune, impact sur nombre d'espèces. Les acteurs formulent le problème et exposent alors dans le débat public la nécessité de considérer et de traiter le Bti comme tout produit qui perturbe les milieux naturels où il est répandu.

Ces résultats permettent également aux scientifiques de rentrer en discussion et en négociation avec l'EID, acteur de la démoustication, afin que la biodiversité soit prise en compte et que les effets négatifs du Bti sur la biodiversité soient réduits au maximum. C'est une stratégie d'opposition des porteurs de la biodiversité à la pratique dommageable à la biodiversité. L'EID, proche des pouvoirs politiques, disposait jusque-là d'une marge de manœuvre importante dans ses pratiques qui se trouvent désormais pointées, surveillées sur le terrain et discutées publiquement (au sein du conseil du PNRC, mais aussi à travers les médias).

Stratégie d'occupation de l'espace et de recherche d'alternatives

Au terme des cinq années de suivi du premier cycle de démoustication expérimentale, les résultats de l'expertise auraient dû conduire à l'arrêt de la démoustication en vertu des conditions établies au départ. Pourtant, les élus décident, en décembre 2011 de poursuivre la « démoustication expérimentale ». Il s'agit donc d'une institutionnalisation de la démoustication malgré ses impacts écologiques négatifs. Et le maintien du terme « expérimental » permet aux élus de masquer l'abandon des conditions (d'innocuité pour la biodiversité) qu'ils avaient posées au départ. En analysant de façon plus précise l'utilisation stratégique par les élus de la contre-expertise sur la biodiversité, il est possible de proposer l'interprétation suivante. En 2006 la réalisation de la contre-expertise conditionnant la démoustication à l'absence d'impact négatif était d'abord pour eux un moyen d'éviter, dans l'immédiat, le passage en force. Ils pouvaient aussi en espérer qu'elle débouche sur une absence d'arguments contre la démoustication. En effet dans un grand nombre de cas, une des difficultés majeures de l'expertise est de fournir des réponses claires à des questions complexes (Theys 1991) et dans le cas du Bti, aucune recherche scientifique n'avait encore réussi à démontrer ses impacts négatifs sur la biodiversité. Si les chercheurs n'étaient pas parvenus à démontrer ces effets sur la faune non-cible, cela aurait permis une instauration de la démoustication en Camargue sans plus de débat. Nous sommes ici face à un pari, à une stratégie de « fabrication de l'incertitude » (Mermet et Benhammou 2005). Du point de vue politique, pour les élus, l'expertise a finalement été plus utile par le temps qu'elle a permis de gagner et l'irréversibilité qu'elle a permis de créer, que par la réponse qu'elle a apportée aux questions de connaissance posées.

Les scientifiques qui avaient jusque-là joué un rôle de « garant » doivent-ils continuer ou non à participer aux suivis accompagnant le nouveau cycle de « démoustication expérimentale » ? Selon eux, il n'y a aucun intérêt à poursuivre des suivis qui ne feraient que confirmer des phénomènes déjà mis en évidence. Cependant continuer à participer à ces suivis est un moyen efficace pour maintenir sa place et son droit de regard dans le jeu, en tant que « garant ». Il s'agit également de conforter – même si ce n'est pas utile – les premières études scientifiques accomplies plutôt que de les voir remises en cause par d'éventuels nouveaux experts moins compétents qui ne parviendraient pas à déceler une incidence du Bti en milieu naturel. Cette stratégie d'occupation de l'espace public va permettre aux scientifiques de toujours rappeler le statut exceptionnel de la Camargue, face à une routinisation qui tendrait à le lui faire perdre.

Par ailleurs, certains des scientifiques recherchent des voies de sorties à travers l'étude d'alternatives à la démoustication au Bti, reprenant alors une posture de « gardien » qui agit ouvertement pour atteindre des objectifs de protection de la biodiversité. Il s'agit notamment d'une meilleure gestion de l'eau, pour éviter des éclosions massives en période touristique, mais aussi d'autres types de pièges sélectifs comme les pièges au propane qui, libérant du dioxyde de carbone et de la chaleur comme l'être humain, attirent tous les nuisibles (moustiques et autres insectes piqueurs comme les arabis).

Bilan du cas : évolution de la posture des scientifiques en fonction de l'évolution du dossier

Ce cas d'étude montre que l'intervention des scientifiques dans le système est loin de se résumer à une expertise servant à fournir les connaissances dont le politique a besoin pour décider. Le cas donne à voir une stratégie développée par les scientifiques, qui se caractérise par différents types d'actions, réalisées en endossant différentes postures archétypales. Ils se présentent ainsi d'abord en gardien du patrimoine naturel camarguais et puis en garant de la qualité scientifique et du respect de l'expertise. Ainsi, l'observation de situations concrètes confirme que les postures adoptées par les scientifiques ne sont pas fixes et peuvent être mobilisées simultanément ou successivement par les mêmes scientifiques, selon la manière dont ils font évoluer leur stratégie en fonction de l'évolution du dossier. Le caractère stratégique des relations entre les scientifiques et les décideurs est donc un aspect à prendre en compte dans l'optique de se donner les moyens de comprendre les relations entre sciences, politiques et sociétés.

Ces premières observations pointent également l'intérêt de suivre l'adaptation de la stratégie et les variations dans le positionnement des scientifiques en fonction de l'évolution du dossier. Dans cette perspective, le modèle du « nouveau bicaméralisme » proposé par Bruno Latour (1999) dans *Politiques de la nature* peut être mobilisé comme une grille de lecture pour suivre le cheminement de la stratégie des scientifiques dans l'évolution du dossier de biodiversité. En cherchant à se départir de « l'ancien modèle bicaméral » où il y a une chambre d'enregistrement des faits (la science) et une chambre de hiérarchisation des valeurs (la politique), Bruno Latour propose un vocabulaire pour analyser l'entrée dans le collectif d'un non-humain, ou d'un problème de biodiversité. Ce non-humain ou ce problème va être reconnu et pris en charge en passant par quatre étapes plus ou moins successives qui s'inscrivent dans la communication entre deux nouvelles chambres, celle de la prise en compte et celle de l'ordonnancement :

Chambre de la prise en compte
- La perplexité renvoie à l'étape de découverte et de construction du problème.
- La consultation est le processus qui a lieu une fois que le problème existe. C'est une négociation de l'entrée du non-humain ou du problème de biodiversité ou non dans le collectif.

Si le problème n'est pas rejeté, il faut alors organiser sa prise en charge, d'où l'idée d'ordonnancement du monde et des choses pour laisser place à cette prise en charge.

Chambre de l'ordonnancement
- La re-hiérarchisation est alors une négociation des pratiques et de l'organisation du monde de manière à intégrer le non-humain ou résoudre le problème.
- Après des phases de débat politique mouvementé, l'institutionnalisation est la phase de stabilisation conjointe de la réalité scientifique et du fonctionnement de la société. C'est l'institution de la nouvelle marche du collectif.

Le tableau ci-dessous replace le cas de la démoustication de la Camargue dans ces quatre étapes et permet de visualiser l'évolution de la stratégie des scientifiques dans l'évolution du dossier.

	Etapes du dossier	Tactique des scientifiques porteurs de biodiversité	Posture stratégique archétypale
Chambre de la prise en compte			
Perplexité	-Pression pour mettre des conditions à la démoustication -Premières études : incidence sur la biodiversité	Science comme garde-fou	Gardiens
Consultation	-Restitution à la fin du premier cycle : incidence sur la biodiversité -Refus partiel de l'entrée du problème de la démoustication dans le collectif	Expert scientifique, effort sur les méthodes, fiabilité et légitimité scientifique	Garants
Chambre de l'ordonnancement			
Re-hiérarchisation	-Remise en cause des pratiques de démoustication par les scientifiques -Mise de côté des conditions fixées initialement pour la démoustication et mise en avant du confort des habitants	Opposition-négociation avec l'acteur sectoriel	Garants
Institutionnalisation	-Institutionnalisation de la démoustication expérimentale -Les scientifiques porteurs de biodiversité restent dans le jeu et cherchent alternatives	Stratégie de présence : rappel des conditions fixées initialement Ouverture par des alternatives	Gardiens

Tableau 1. Évolution de la stratégie des scientifiques impliqués dans le dossier de la démoustication de la Camargue

C'est l'intervention des scientifiques en tant que gardiens qui permet l'entrée dans l'étape de la perplexité, en ayant fait pression pour que la question de l'innocuité du Bti rentre dans le collectif. La consultation est formalisée par le suivi scientifique qui accompagne le premier cycle de démoustication. Au terme de ces cinq années, il n'y a ni acceptation du problème (la démoustication continue malgré les résultats de l'expertise), ni refus total (le terme « expérimental » est maintenu pour ne pas totalement évacuer le problème). L'étape de la re-hiérarchisation va dès lors consister à créer une situation viable malgré la persistance d'une tension dans le collectif entre les promoteurs de la démoustication et les scientifiques défenseurs des enjeux de biodiversité, à la fois au nom de la fiabilité des études scientifiques comme au nom de sa valeur intrinsèque. Cette situation viable s'institutionnalise quand les élus votent la poursuite, pour un temps indéfini, de la démoustication expérimentale. En se tournant vers la recherche d'alternatives, les scientifiques actent indirectement la pérennisation de la démoustication. La mobilisation de la grille de Bruno Latour est ici intéressante parce qu'elle donne l'évolution générique de la prise en charge des problèmes environnementaux, et nous permet alors d'identifier et de révéler les situations plus confuses.

Discussion

Ce texte traite des stratégies des scientifiques lorsqu'ils souhaitent se positionner comme acteurs d'environnement pour défendre la biodiversité. C'est un des éléments à analyser pour éclairer les relations entre sciences, politiques et sociétés vis-à-vis de l'enjeu de biodiversité.

Nous montrons premièrement que les actions stratégiques et les postures des scientifiques ne sont pas fixes dans le temps, mais progressent en fonction de l'évolution du dossier. La lecture globale du cas (voir tableau) fait notamment apparaître qu'une même tactique (la présence dans les instances) peut relever de deux postures stratégiques différentes (garant des connaissances scientifiques ou gardien de l'intégrité normative). L'articulation du modèle bicaméral de Bruno Latour avec la grille des postures archétypales des scientifiques fournit ainsi un cadre pour décrypter et analyser le rôle changeant des scientifiques vis-à-vis d'un dossier de biodiversité.

Un des rebondissements du dossier mérite en particulier d'être commenté en conclusion. Malgré la commande d'une expertise et une posture de « garant » adoptée par les scientifiques pour mettre en avant la fiabilité des études – plutôt que la défense idéologique de la biodiversité du « gardien » – , l'étape de la re-hiérarchisation s'est soldée par une décision de rejet partiel du problème de biodiversité lié à la démoustication au Bti. Quelles conclusions tirer de ce dénouement ? Bien que la posture du « garant » n'ait ici rien de neutre et soit adoptée de façon stratégique pour servir une action centrée sur la production scientifique, elle a abouti à un échec, au moins temporaire. Étant donné sa place dominante parmi les postures actuellement adoptées par les scientifiques (voir la section « Un problème institué : les scientifiques comme garants de la rigueur scientifique »), il est alors opportun de s'interroger sur les difficultés que pose la posture de « garant » dans une situation défavorable à la prise en charge du problème de biodiversité.

La principale difficulté tient dans le fait que les scientifiques doivent préserver la cohérence de la posture, car sa crédibilité et sa légitimité résident majoritairement dans l'affirmation d'une forme d'objectivité, voire de neutralité, du scientifique. S'ils adoptent la posture de « garant », leur travail consiste à amener des faits pour éclairer les décisions et à garantir la fiabilité scientifique des études. Ils ne peuvent alors pas abandonner cette posture « neutre » dès que le dossier prend une tournure qu'ils jugent défavorable. Ainsi, pour ne pas annuler les preuves de l'impact négatif de la démoustication sur la biodiversité, ils sont condamnés à « accepter » la décision de poursuite de cette démoustication. Ce phénomène peut donc aussi être décrit comme un processus de neutralisation des scientifiques de la biodiversité, qui sont les garants de la procédure basée sur l'expertise scientifique, de sa fiabilité et de sa rationalité, mais sans capacité à influencer les décisions.

De même, les scientifiques devant maintenir la cohérence de leur posture de garant ne peuvent pas non plus ouvertement s'allier avec des acteurs militants et porteurs des enjeux de biodiversité, sans quoi leur rôle de « garant » de la science fiable et objective ne tiendrait pas. Une analyse récente montre que les stratégies des scientifiques en matière d'alliance privilégient pour l'instant les alliances entre scientifiques (par exemple grâce aux réseaux créés par les CSRPN), plutôt qu'avec d'autres acteurs, associatifs ou politiques par exemple (Tombois 2014). Cette stratégie est cohérente avec l'actuelle prédominance des postures de « garants ». Nous repérons donc ici une difficulté à « faire secteur », ou autrement dit une difficulté à fédérer le groupe qui pourrait peser pour faire entrer le problème de la démoustication dans le collectif ; et ceci quand bien même la posture de garant avait été adoptée stratégiquement.

Ce cas révèle que les scientifiques, endossant un rôle de « garant », peuvent être instrumentalisés comme les garants d'une procédure, qui une fois respectée, n'impose pas en soit les termes de la décision. Ceci étant dit, la participation de ces scientifiques aux instances de décision, parce qu'ils ont fait leurs preuves en tant que « garants », leur permet de rester dans le jeu, tout en développant en parallèle d'autres actions en faveur de solutions alternatives. Ce faisant, ils reprennent progressivement une posture de « gardiens » cherchant des solutions pour protéger la biodiversité. L'étude de dossiers concrets et locaux tel que celui de la démoustication montre qu'un échec à prendre en compte la biodiversité n'est pas définitif tant que des acteurs, notamment scientifiques, se mobilisent. Ceci met un terme catégorique à l'idée d'une linéarité entre les sciences de la biodiversité et les politiques concernant la biodiversité. Elle montre aussi que, dans un contexte peu favorable aux enjeux de biodiversité, la posture du « garant » ne garantit pas l'atteinte des objectifs normatifs. Faut-il alors envisager un retour progressif vers des stratégies plutôt de type « gardien » pour affirmer à nouveau l'importance normative des questions de biodiversité ? Nos données ne permettent pas encore de déceler une telle tendance, mais des prises de position récentes de certains scientifiques permettent d'appuyer cette hypothèse[1].

Cet exemple est-il symptomatique d'un contexte plus général ? Après l'euphorie post Grenelle, le balancier semble reparti dans le sens d'une plus grande rigueur économique et les acteurs de la biodiversité peinent à faire entendre leur voix (les crédits sont en diminution, pour les ministères comme pour les associations de protection de la nature ; le projet de loi pour la biodiversité a été repoussé à de nombreuses reprises ; la préfiguration de l'agence française de la biodiversité a mis plus d'un an à être annoncée, alors que les rapports étaient rendus depuis longtemps). Or, selon le cadre de l'analyse stratégique de la gestion environnementale, l'action en faveur de la biodiversité résulte des interventions stratégiques d'acteurs d'environnement (Mermet 2014). Si le contexte actuel de l'élaboration des politiques publiques de biodiversité est bien celui, sinon d'un déclin, du moins d'une pause dans la prise en charge de cet enjeu, les scientifiques auront probablement à ajuster leurs stratégies pour agir en faveur de la biodiversité et gagner en efficacité.

Bibliographie

Alphandéry Pierre et Agnès Fortier — 2001, "Can a territorial policy be based on science alone? The system for creating the Natura 2000 network in France", *Sociologia Ruralis* 41: 311-328.

Blandin Patrick — 2009, *De la protection de la nature au pilotage de la biodiversité*, Versailles : Quae.

Boisvert M. et Jacques Boisvert — 2000, "Effects of *Bacillus thuringiensis var. israelensis* on target and nontarget organisms: a review of laboratory and field experiments", *Biocontrol Science and Technology* 10: 517-561.

Chateauraynaud Francis et Didier Torny — 1999, *Les sombres précurseurs : une sociologie pragmatique de l'alerte et du risque*. Paris : éditions de l'EHESS.

Claeys-Mekdade Cécilia et Laurence Nicolas — 2009, « Le moustique fauteur de troubles », *Ethnologie française* 39 : 109-116.

Coreau Audrey, Claire Nowak et Laurent Mermet — 2013, « L'expertise pour les politiques nationales de biodiversité en France : quelles stratégies face aux mutations en cours », *VertigO - la revue électronique en sciences de l'environnement*, mis en ligne le 01 octobre 2013, 13 (2), http://vertigo.revues.org/14221

David Arnaud, Armand Hatchuel et Romain Laufer — 2000, *Les nouvelles fondations des sciences de gestion. Éléments d'épistémologie de la recherche en management*. Paris : Vuibert.

Friedberg Erhard — 1997[1993], *Le Pouvoir et la Règle - Dynamiques de l'action organisée*. Paris : Seuil.

Granjou Céline, Isabelle Mauz et Arnaud Cosson — 2010, « Le recours aux savoirs dans l'action publique environnementale : un foisonnement expérimental », *Sciences de la société* 79 : 115-129.

Guillet Fanny — 2011, *Une analyse stratégique pour l'organisation à finalité environnementale. Le cas d'une ONGE, la Tour du Valat*, Centre de recherche pour la conservation des zones humides méditerranéennes, Thèse de doctorat, Université de Cergy-Pontoise.

Jorstad Einar et Ketil Skogen — 2010, "The Norwegian Red List between science and policy", *Environmental Science and Policy* 13: 115-122.

Kareiva Peter et Michelle Marvier — 2012, "What is conservation science?" *Bioscience* 62: 962-969.

Lacey Lawrence A et Richard W. Merritt — 2004, "The safety of bacterial microbial agents used for black fly and mosquito control in aquatic environments", in: Heikki M. T. Hokkanen et Ann E. Hajek (eds) *Environmental Impacts of Microbial Insecticides: Need and Methods for Risk Assessment*. Dordrecht: Kluwer Academic Publishers.

Laroche Hervé et Jean-Pierre Nioche (dir.) — 1998, *Repenser la stratégie. Fondements et perspectives*. Paris : Vuibert.

Lascoumes Pierre — 1994, *L'écopouvoir. Environnement et politiques*. Paris : La Découverte.

Latour Bruno — 1989, *La science en action*. Paris : La Découverte.

Latour Bruno — 1999, *Politiques de la nature – Comment faire entrer les sciences en démocratie*. Paris : La Découverte.

Le Prestre Philippe et Romain Taravella — 2009, « *Pouvoirs et limites des réseaux d'expertise* », in : Pierre Jacquet, Rajendra Pachauri et Laurence Tubiana (dir.), *Regards sur la Terre 2009*. Paris : Presses de Sciences Po.

Lorino Philippe et Jean-Claude Tarondeau — 2006, « De la stratégie aux processus stratégiques », *Revue Française de Gestion*, 32(160) : 307-328.

Loreau Michel — 2010, *The Challenges of Biodiversity Science*. Oldendorf/Luhe, Germany: Excellence in Ecology, International Ecology Institute.

Mahrane Yannick, Marianna Fenzi, Céline Pessis et Christophe Bonneuil — 2012, « De la nature à la biosphère : l'invention politique de l'environnement global, 1945-1972 », *Vingtième Siècle. Revue d'histoire*, 113(1) : 27-141.

Mermet Laurent, Raphael Billé, Maya Leroy, Jean-Baptiste Narcy et Xavier Poux — 2005, « l'Analyse Stratégique de la Gestion Environnementale : un cadre théorique pour penser l'efficacité environnementale », *Natures Sciences Sociétés*, 13(2) : 127-137.

Mermet Laurent et Farid Benhammou — 2005, « Prolonger l'inaction environnementale dans un monde familier : la fabrication stratégique de l'incertitude sur les ours du Béarn », *Écologie et politique*, 31 : 121-136.

Mermet Laurent — 2014, « Conserver et restaurer la biodiversité : un problème d'action stratégique », in : Michel Gauthier-Clerc, François Mésleard et Jacques Blondel (dir.) *Sciences de la conservation*. Louvain : De Boeck.

Olivier de Sardan Jean-Pierre — 1995, « La politique du terrain. Sur la production des données en anthropologie », *Enquête* 1 : 71-109.

Pestre Dominique — 2013, *A contre-science. Politiques et savoirs des sociétés contemporaines*. Paris : Seuil.

Picon Bernard — 1988, *L'espace et le temps en Camargue*. Arles : Actes Sud.

Picon Bernard — 1992, « Le citoyen, le savant, le journaliste et le politique », in *Sciences de la nature, sciences de la société : Les passeurs de frontières*, Paris : CNRS Éditions.

Roqueplo Philippe — 1991, « L'expertise scientifique : convergence ou conflit de rationalités ? Introduction générale », in : Jacques Theys (dir.) *Environnement, science et politique. Les experts sont formels*, Paris: Les Cahiers du GERMES.

Sarewitz Daniel et Roger A. Pielke Jr — 2007, "The neglected heart of science policy: reconciling supply of and demand for science", *Environmental Science and Policy* 10: 5-16.

Soulé Michael — 1985, "What is conservation biology?" *BioScience,* 35(11): 727-734.

Tombois Chloé — 2014, *Petites conversations entre amis. Comment s'organisent les réflexions stratégiques pour l'action publique en faveur de la biodiversité ?* Mémoire de fin d'études, VetAgro Sup Clermont.

Theys Jacques — 1991, *Environnement, science et politique. Tome 1 : Les experts sont formels*. Paris : Les Cahiers du GERMES.

Trépos Jean-Yves — 1996, *Sociologie de l'expertise*, Paris : PUF.

Van den Hove Sybille — 2007, "A rationale for science–policy interfaces", *Futures* 39: 807-826.

Notes

[1] Voir par exemple : http://abonnes.lemonde.fr/sciences/article/2014/11/05/il-est-temps-de-reflechir-a-la-biodiversite-que-nous-voulons_4518424_1650684.html

Partie II — Répercussion des conceptions de la biodiversité sur les pratiques

INTRODUCTION

Alexandra Liarsou, Pierre Pech, Michel Kreutzer

L'identification des rôles et positionnements des champs disciplinaires (et, en leur sein, des scientifiques) vis-à-vis de la biodiversité et des actions publiques à engager pour sa protection, conduit à s'interroger sur les conceptions de la crise (érosion, disparition des espèces...) qui impulsent les divergences théoriques, méthodologiques, etc. Toutefois, l'émergence et l'essor de la biodiversité se sont effectués très rapidement dans des champs extérieurs au seul registre de la science. Les questions environnementales – comme l'affirme Mireille Delmas-Marty dans son triptyque sur les « forces imaginantes du droit » paru entre 2004 et 2007 –, prennent officiellement corps dans la réglementation comme dans la sphère du politique et de la médiatisation, notamment dans le cadre des grandes conférences internationales. La question de la biodiversité émerge également de l'élaboration de politiques publiques prenant appui sur la Convention sur la Diversité Biologique de 1992. Dans son sillage, les initiatives se sont multipliées dans tous les domaines et à toutes les échelles, du niveau international au niveau local. L'aménagement du territoire, l'urbanisme, la gestion de la qualité ou des risques en entreprise, le développement local, le génie écologique, les normes de construction, etc. : aucun domaine de la vie économique, sociale et politique ne s'épargne un détour par la biodiversité. Les enjeux concernent des champs variés allant de la conception parfois radicale de ce qu'est le patrimoine et des dangers qui le menacent à une démarche d'innovation technologique par le bio-mimétisme. Parler de la biodiversité, c'est parler de son projet mais aussi de son identité ; c'est aussi parler des capacités de notre humanité à poursuivre son développement en mesurant ses impacts potentiels, des marges de manœuvre techniques et des choix de société, donc politiques. En la matière, les frontières disciplinaires sont conduites à se briser, d'abord entre sciences de la vie et entre sciences dites humaines, puis entre sciences fondamentales et sciences appliquées. Au-delà, ce sont aussi de nouvelles disciplines qui apparaissent, comme l'ingénierie écologique.

La première contribution met remarquablement bien en lumière la pluralité des représentations de la biodiversité et les tensions que celles-ci peuvent susciter entre acteurs et entre champs disciplinaires. L'auteur aborde certaines réalités de la coopération entre scientifiques et avec les acteurs institutionnels, au travers de son propre parcours universitaire et associatif et par le biais d'un exemple, celui d'un inventaire de faune. L'auteur prend également appui sur l'histoire d'une terminologie, celle du biopatrimoine, du technotope et, par-delà, de la biohistoire (constituant une vision particulière de l'objet biodiversité et des manières de l'étudier) pour évoquer les difficiles conciliations entre systèmes naturels et systèmes sociaux.

La contribution pointe les difficultés concrètes auxquelles peut être confronté le chercheur qui souhaite voir aboutir des initiatives se situant en marge des instances administratives, des manières de procéder usuelles, des problématiques dominantes ou simplement hors des institutions de référence en matière de protection environnementale. L'auteur évoque de façon pragmatique la mise en place de l'association naturaliste *l'Atlas entomologique régional*, fondée en 1996. Ses membres inventorient et cartographient les insectes en Loire-Atlantique et en Vendée et l'association constitue le support du projet de biohistoire des lépidoptères rhopalocères, militant contre les listes d'espèces protégées, jugées technocratiques.

L'approche de l'auteur est résolument interdisciplinaire, à la croisée des sciences dites humaines et des sciences de la vie. La contribution montre à quel point cette position intermédiaire et transversale est difficile à assumer au plan institutionnel, malgré l'apparente valorisation actuelle de la collaboration interdisciplinaire. La contribution met enfin en exergue la mauvaise lisibilité de telles actions associatives : le fait que les scientifiques prennent fréquemment les travaux effectués dans les associations pour de l'amateurisme et que la sphère politique les perçoivent comme le fruit d'un militantisme écologiste.

Parler des difficultés rencontrées par les chercheurs pour faire valoir leur objet d'étude, mais aussi focaliser sur les acteurs du milieu associatif dans le domaine de la biodiversité, nous amène à la deuxième contribution, qui analyse la chaîne de coopération des acteurs publics autour de la mise en valeur d'une zone urbaine ; plus exactement, de la construction d'un éco-quartier à l'emplacement d'une friche industrielle appartenant à la métropole lilloise.

L'auteur se propose de rendre compte des processus de concertation et des modes d'action à destination de la biodiversité urbaine au cours du réaménagement et au terme de celui-ci. La contribution accorde une place prépondérante à la question de l'expertise, à sa production et aux façons d'y recourir. L'auteur insiste sur le fait que, malgré l'apparente remise en cause de la légitimité scientifique et experte à la suite de différentes affaires sanitaires, celle-ci prévaut toujours dans la définition des objectifs de maintien ou de restauration de la biodiversité. La contribution montre également l'essor des différentes méthodes d'évaluation, via des espèces indicatrices par exemple, conduisant à la tentative de traduction des phénomènes sociaux en langage mathématique. Il ne s'agit plus de percevoir la nature en ville, mais de définir un certain *degré de naturalité* de l'espace urbain, via des indicateurs chiffrés, pour l'objectiver. Ces constats servent de point d'appui à l'argument développé par l'auteur qui rappelle toute la difficulté d'une volonté de mathématisation d'un réel complexe, mêlant inextricablement nature et sociétés.

La troisième contribution se situe encore davantage dans le champ de l'action en montrant le point de vue des industriels et entrepreneurs sur la biodiversité et leur tentative de prise en compte de la protection ou de la restauration du vivant. La contribution rappelle notamment que, dans le domaine de la construction des bâtiments, une carence de l'intégration de la biodiversité est en partie causée par les faiblesses de la règlementation et de son application.

Par ailleurs, l'auteur indique que les opérateurs de travaux publics effectuent des études d'impact, établies par des bureaux d'étude autonomes, dont les données relevées et analysées ne sont pas diffusées ; celles-ci restant confidentielles sur chaque opération. Pour l'auteur, il est dommageable que science et secteur de la construction ne communiquent pas ; autrement dit, que la dimension scientifique des données ne soit pas exploitée par le domaine du bâtiment d'une part, que les données soient insuffisamment prises en considération par la science d'autre part. Enfin, l'auteur précise que, pour la plupart des aménageurs, la ville est encore considérée comme le tissu de désagrégation de la nature (Teillac-Deschamps et collaborateurs 2009), qu'elle s'oppose à la naturalité et à la diversité des espèces en ayant tendance à l'« homogénéiser » (McKinney 2006). Le propos ici développé insiste, *a contrario*, sur le fait qu'il convient de prendre en compte le milieu urbain comme élément d'accueil de la nature et de la biodiversité.

Enfin, la dernière contribution revient sur les difficultés conceptuelles liées au terme de biodiversité et à la multiplicité des méthodes d'analyse des dimensions de cet objet d'étude. L'auteur souligne, au travers de l'exemple des végétaux, le fait que la biodiversité renvoie à quantité de variables et qu'elle est par essence transitoire dans l'espace et le temps. Après avoir rappelé qu'en tant qu'objet d'étude la biodiversité peut être envisagée selon trois échelons (génétique, spécifique et macro-écosystémique), l'auteur indique que les scientifiques comme les gestionnaires se concentrent majoritairement sur la biodiversité intermédiaire, celle des espèces. Sous cet angle, la biodiversité est alors davantage considérée comme un ensemble énumératif d'éléments que comme le produit de processus dynamiques. Le propos développé dans cette contribution insiste, à l'inverse, sur l'idée que la biodiversité est une résultante d'héritages complexes, à la fois paléogéographiques et anthropiques, et ce, à toutes les échelles spatiales.

Cette seconde partie met ainsi en évidence les difficultés que rencontrent les individus et communautés qui mettent en place des processus de décisions en matière d'aménagement, spécifiquement quand il s'agit de prendre en compte la biodiversité. Il y a d'abord la difficulté à designer celles et ceux qui seront reconnus par toutes les parties en jeu comme les experts crédibles d'un espace à aménager ; il y a ensuite la mesure de l'intérêt des particuliers et de la collectivité pour un aménagement, et, enfin, la question de la transparence des prises de décisions aux différentes étapes de ces processus. Les réflexions et travaux de ce colloque auront nous l'espérons permis de contribuer à une meilleure compréhension de ces situations.

La notion de biopatrimoine à l'épreuve en France

Christian PERREIN

Introduction

Le mot « biopatrimoine » n'est pas lexicalisé dans les dictionnaires de langue française. Son exacte traduction en anglais – *bioheritage* – est d'emploi tout aussi rare avant le XXIe siècle. Ces mots ne sont-ils seulement que les contractions de patrimoine biologique ou de *biological heritage* ? Est-ce donc une notion nouvelle et qu'entretiendrait-elle alors avec la biodiversité dont la fréquence d'usage est sans commune mesure aujourd'hui ? Que pourrait apporter ce néologisme au regard des nombreuses questions que posent les interactions entre les sociétés et leur environnement, notamment au sujet de la « crise de la biodiversité » ? Existe-t-il une recherche biopatrimoniale parmi les sciences de la vie, de l'homme et de la société que sa nécessaire transdisciplinarité placerait dans un hors champ disciplinaire ? À ces questions très complexes, l'émergence de la notion de biopatrimoine en France semble au moins être instructive aux plans théorique et sociologique dans l'histoire des idées et du processus de conceptualisation.

Le concept de biopatrimoine

L'émergence du mot

Les termes « biopatrimoine » et « *bioheritage* » sont aujourd'hui très inusités. Suivant une interrogation du moteur de recherche Google en août 2014, ces deux mots sont de très faible fréquence d'emploi – respectivement un pour dix-sept et un pour vingt-cinq – aux côtés des expressions de « patrimoine biologique » et de *biological heritage*, ces dernières elles-mêmes très largement et massivement supplantées par les syntagmes de « patrimoine naturel » et de *natural heritage*, dans un rapport d'environ cinq pour mille. La notion semble toutefois apparaître outre-Atlantique en l'état actuel de la recherche lexicographique. En 1990, la journaliste américaine Anne Matthews forge en effet le mot *bioheritage* entre guillemets pour un article du *New York Times*, à propos du projet de restauration des Grandes Plaines comme terres communes pour le pâturage des bisons, dans le respect des communautés amérindiennes. Elle y fait suivre le mot – qui lui paraît sans doute être un néologisme – d'une proposition explicative entre parenthèses : « *This idea that the natural resources belong to the human race* »[1]. Deux ans plus tard, elle sera l'auteure d'un ouvrage à succès

(Matthews 1992) dont la deuxième édition *Where the Buffalo Roam : restoring America's Great Plains* (The University of Chicago Press) est préfacée en 2002 par l'historien de l'environnement Donald Worster.

En France, la première occurrence repérée figure dans le titre d'un article un brin pamphlétaire écrit en 1994 rendant hommage à un obscur naturaliste vendéen, Georges Durand (1886-1964), dont les fabuleuses collections ornithologiques, entomologiques et botaniques léguées au Muséum national sont restées « inertes » dans un dépôt d'archives de province, alors même que les biens immobiliers (cinq fermes totalisant plus de 200 hectares) accompagnant le legs et devant assurer leur mise en valeur ont été vendus en 1982 par l'institution parisienne pour acheter des cristaux géants du Brésil[2]. Le texte s'attache notamment à souligner le caractère historique et patrimonial de ces collections, plaidant pour l'inventaire et la cartographie de la faune et de la flore : « *En témoignant des espèces vivantes rencontrées alors par plaisir, identifiées pour la science et prêtées à la culture matérielle par la naturalisation, ces collections ont maintenant acquis ce caractère historique attaché à la notion de patrimoine. Pour le département de la Vendée, resté longtemps essentiellement rural, ce legs sans égal est d'une importance biohistorique considérable ; il conserve la mémoire d'un état des lieux – partiel mais certain – de la faune et de la flore* » (Perrein 1994). Pour son auteur, ayant travaillé à l'Inventaire général des monuments et richesses artistiques de la France (ministère de la Culture et de la Communication, direction du Patrimoine), ces collections n'étant pas considérées comme « patrimoine culturel », pas plus qu'elles ne pouvaient l'être comme « patrimoine naturel », il s'agissait surtout de refuser l'opposition nature/culture pour qualifier le patrimoine matériel. Pour convaincre, calquant un vieil adage national, il n'hésitait pas non plus à reprendre alors une antienne de son récent employeur institutionnel : « *Prospection et détermination (des espèces) sont bien les deux mamelles de la protection de la nature. On protège ce que l'on aime et l'on ne peut aimer que ce que l'on connaît. C'est aussi pourquoi, politiquement, l'inventaire du biopatrimoine doit être présenté d'abord comme une action culturelle* ». L'article relate le manque de moyens mis en œuvre par l'État pour inventorier et cartographier la faune et la flore du pays ; il plaide bien sûr pour une « culture naturaliste », expression nouvelle et totalement inusitée dans le contexte de la « culture scientifique et technique » d'alors. L'année suivante, écrit dans la même veine, paraît « Bioéthique et technotope : l'État et l'émoi naturaliste », un texte dénonçant les listes d'insectes protégés, dans « la loi, la politique et le naturaliste », et défendant les concepts chers à son auteur : « bioéthique et biosphère », « biopatrimoine et biohistoire » ou « technotope et entomofaune » (Perrein 1995).

Le contexte intellectuel incubateur

Cette émergence du biopatrimoine n'est en effet pas dissociable de la notion de biohistoire entrevue à la fin des années 1980, lors de recherches sur l'archéologie des bocages. Les réseaux bocagers sont les oubliés des phytoécologues, alors même que les remembrements et les restructurations des exploitations agricoles leur ont fait perdre en Vendée, par exemple, plus de la moitié de leur maillage entre 1971 et 1986. La végétation des haies apparaît trop artificialisée pour intéresser vraiment les phytosociologues et le dynamisme de sa végétation n'est pas perçu comme un possible sujet d'études. C'est avec ce constat qu'un réseau de haies vives sur talus du nord-est de la Vendée fait l'objet de recherches historiques et écologiques au milieu des années 1980, dans le cadre d'un diplôme de l'École des hautes études en sciences sociales sous la direction du préhistorien Jean Guilaine, futur professeur au Collège de France (Perrein 1987). Confirmant des résultats obtenus outre-Manche (Hooper 1970 et 1976), elles montrent tout d'abord, qu'à longueur de haie égale, le nombre moyen des phanérophytes de la haie augmente avec son âge, même si la dépendance statistique de la relation est faible. Autrement dit, un certain nombre d'espèces ligneuses, arbres ou arbustes, augmentent notablement leur fréquence dans les haies les plus anciennes. Le cas de la Fragonnette ou Petit Houx *Ruscus aculeatus*, indiquant ici la maturité du groupement végétal, est des plus remarquables, car son abondance dans les haies du territoire d'étude témoigne de l'ancienneté du talus aussi sûrement qu'un recours aux plans cadastraux du début du XIXe siècle (Perrein 1984 et 1991). Dès 1987, la notion de « technotope » ou « technique du lieu » est conceptualisée dans ce cadre d'analyse ethno-écologique de la végétation des haies vives du Bocage vendéen.

Ces recherches considéraient alors les notions d'artificialisation ou d'anthropisation, en plaçant les technosystèmes à l'interface des écosystèmes et des systèmes sociaux, comme centrales et privilégiées, point de rencontre obligé entre sciences naturelles et sciences humaines dans l'étude des paysages (Perrein 1987). Elles bénéficiaient de la double dynamique des disciplines émergentes dites *landscape ecology* (Naveh et Lieberman 1984) et « archéologie du paysage » (Chapelot 1977 et 1978, Dufournet 1978) ; elles étaient également influencées par les travaux d'ethnobotanistes (Barrau 1979, Lizet 1982, Lieutaghi 1983), de phytogéographes (Rey 1960, Dupont 1962), d'écologues (Daget et Godron 1982, Godron 1984, Blondel 1986) et d'historiens des techniques ou technologues (Gilles 1978, Parain 1979, Cresswell 1980, Sigaut 1981, Noblet 1981)[3]. En arrière-plan théorique, figuraient aussi bien les travaux de Georges Bertrand (Bertrand et Bertrand 1975, Bertrand 1978) que ceux de Philippe Bruneau (Bruneau et Balut 1982, Bruneau 1985) prônant une archéologie « dépériodisée » et pas nécessairement « exhumatrice ». Outre cette dette intellectuelle aussi précise que prégnante, l'étudiant à l'ÉHESS se nourrissait également des travaux d'histoire et de géographie rurales de l'École des Annales ou de l'École française de géographie.

Nous définissons précisément le 25 juillet 1991 notre conception d'une biohistoire en avertissement d'un mémoire de DEA *Prodrome de biohistoire des lieux à* Quercus ilex *L. dans l'ouest de la France : la phytogéographie et la naissance de l'écologie végétale*, avec la conscience certaine de bousculer un cadre théorique :

> *« J'entends par biohistoire une histoire du vivant à l'échelle de l'Homme. Non pas – quoique l'Homme devienne un agent de spéciation – une nouvelle histoire de l'évolution de la vie mais bien une histoire de l'artificialisation de la biosphère, pour magnifier l'art, les techniques et la matière artefactuelle et glorifier la vie, les espèces et la matière vivante. Comment, au service de l'Homme, user de la matière vivante artificialisée, sans abuser de la vie en œuvrant au détriment de la diversité biologique. Sans doute faut-il reconnaître que l'Homme a été et est un « facteur écologique » de toute importance dans la structure et le fonctionnement des écosystèmes, puis, apprendre à gérer les actions techniques qui ont lieu sur la matière vivante et, enfin, reconnaître l'urgence à penser une Géographie de l'artefact et une Histoire de la biosphère en symétrique complément de la Biogéographie et de l'Histoire de l'art et des techniques »* ; il poursuit et conclut, un tantinet facétieux et provocateur : *« Archéologues et écologues ont bien sûr un rôle intellectuel de premier plan dans ce programme à venir ; qu'ils s'entendent sur la notion de technotope et la biohistoire sera née ! En attendant, j'ai écrit ce petit essai introductif spécialement à l'attention de ceux que ces lignes idéalistes ont fait sourire » (Perrein 1991).*

Jean-Claude Lefeuvre, alors professeur titulaire de la chaire d'Évolution des systèmes naturels et modifiés, futur directeur de l'Institut d'écologie et de gestion de la biodiversité, auparavant dithyrambique sur l'étudiant qui avait suivi son cours à l'Université de Rennes, refuse de rapporter sur le petit mémoire, au grand étonnement de Jean Guilaine qui doit faire appel en urgence à son ami ethnologue Daniel Fabre. Dès lors, les écologues rennais du paysage tournent le dos au biohistorien en herbe, bien que membre du groupe français d'« écologie du paysage » depuis sa fondation en 1988, lui permettant tout juste d'afficher un poster lors des congrès de l'*International*

Association for Landscape Ecology qui eurent lieu en France, à Rennes (1993) et Toulouse (1995).

Plus problématique pour l'étudiant Perrein qui souhaite poursuivre son cursus universitaire – et a donc dû démissionner de son poste de technicien au ministère de la Culture – est sa difficulté à trouver un professeur acceptant de diriger son projet initial de thèse de biohistoire des lieux à Chêne vert, sans doute trop « anthropologique » pour les écologues et trop « écologique » pour les archéologues et historiens. Aussi réoriente-t-il ses études en histoire des sciences grâce à l'historien des mathématiques Jean Dhombres, professeur à l'Université de Nantes et directeur d'étude à l'ÉHESS, qui accepte de diriger sa thèse de doctorat sur le botaniste *Émile Gadeceau (Nantes 1845 – Neuilly-sur-Seine 1928) : phytoécologue et biohistorien.*

Avec son *Lac de Grand-Lieu. Monographie phytogéographique*, Gadeceau a introduit en Europe occidentale l'écologie de l'école nord-américaine, s'inscrivant d'une belle façon dans l'histoire de l'écologie végétale ; l'ouvrage publié en 1909 synthétise, en quelque sorte *in ovo*, les deux principaux courants d'idées qui, jusqu'au dogme, partageront la discipline dans la première moitié du XXe siècle : l'approche phytosociologique articulée autour du concept d'association végétale et l'approche dynamique des successions végétales dans la théorie du climax (Perrein 1994 et 1995). Gadeceau dirigea également des recherches tout à fait pionnières sur l'histoire de la végétation post-glaciaire, outre qu'il a été aussi en France le premier vulgarisateur des principaux concepts de l'écologie scientifique avant la Première Guerre mondiale et le vétéran des botanistes au premier Congrès international pour la protection de la nature à Paris en 1923 (Perrein 2002, 2003 et 2008) ! Au cours de ce dernier épisode universitaire, nous poursuivons cependant des activités biopatrimoniales au sein de l'Atlas entomologique régional.

L'Atlas entomologique régional et la biohistoire des papillons

L'Atlas entomologique régional (Nantes)

Le projet d'un « Atlas entomologique régional » est né en 1992 lors d'une réunion de la section d'entomologie de la Société des Sciences naturelles de l'ouest de la France au Muséum de Nantes, animé par une poignée d'entomologistes souhaitant « contribuer à la cartographie du patrimoine faunistique régional »[4]. Cet Atlas est lancé sur le même territoire et suivant une méthodologie semblable à l'*Atlas floristique de la Loire-Atlantique et de la Vendée*, alors en cours, animé par le professeur Pierre Dupont qui dirigea pendant vingt-sept ans le laboratoire d'écologie et de phytogéographie de la faculté des sciences de l'Université de Nantes (Dupont 2001). Pierre Dupont est l'initiateur de la cartographie floristique de la France suivant un découpage géométrique du territoire et le collaborateur pour ce pays de l'*Atlas Florae Europaeae*, une cartographie des plantes vasculaires d'Europe lancée en 1964 par le Britannique Franklyn H. Perring (1927-2003) puis coordonnée par les botanistes finnois Jaakko Jalas (1920-1999) et Juha Suominen. Outre son action militante dans la jeune *Société pour l'étude et la protection de la nature en Bretagne*, Dupont inscrit parfaitement son œuvre entre nature et société, pionnier dans la reconnaissance nationale du patrimoine floristique, sollicitant le plus grand nombre de collaborateurs, chef de file d'une *science participative* avant la lettre, d'une part, et faisant école à différentes échelles et pour d'autres groupes systématiques, d'autre part.

C'est dans ce cadre associatif que prend naissance le projet d'une biohistoire des lépidoptères rhopalocères (papillons de jour) de la Loire-Atlantique et de la Vendée. Dans un souci d'émulation, d'engagement individuel et d'exigence scientifique et patrimoniale, l'Atlas entomologique régional s'engage à publier, espèce après espèce, pour chaque période chronologique et pour chaque maille unitaire de 10 x 10 kilomètres, les références (auteur/observateur et date) de la première ou plus ancienne donnée disponible. L'association officiellement déclarée en 1996 rappelle dans ses statuts cet engagement après avoir précisé les grandes lignes de son action : « *Cet état de la faune entomologique régionale est conçu dans une perspective biohistorique et biopatrimoniale de manière à suivre l'évolution des populations, à valoriser les collections publiques ou privées, à développer le travail de prospection* ».

La dispersion et le démembrement d'importantes collections régionales de lépidoptères en hôtel des ventes expliquent aussi les motivations des initiateurs du projet de biohistoire des papillons au début des années 1990. En effet, si la quasi-totalité de ces échantillons n'avaient alors, pour ainsi dire, aucune valeur marchande, l'information scientifique attachée aux spécimens était du plus grand intérêt pour la connaissance de la faune régionale, de l'évolution de la répartition des espèces et de l'évaluation de leur statut de conservation. Il s'agissait donc de recueillir, voire de sauver cette information dans une perspective d'étude diachronique de la faune rhopalocérique et de valoriser ainsi le travail de prospection, de naturalisation et de collection des anciens lépidoptéristes. Dans un pays d'ancienne tradition naturaliste, les lépidoptères rhopalocères sont, grâce aux nombreuses collections dont ils ont fait l'objet, un des rares groupes zoologiques disposant d'autant de matériaux historiques, bien datés et localisés. Mais c'est à la condition préalable de connaître l'activité de ces générations de lépidoptéristes, d'une part, puis de localiser leur production, d'autre part. Cela représente déjà, en soi, un travail considérable d'investigations et de recherches, d'ailleurs plus proche de celui de l'ethnologue et de l'historien de l'art que de celui du naturaliste. Se « préoccuper » des collectionneurs est le préalable anthropologique obligé et constitutif du projet de biohistoire des papillons, valorisant la personne comme auteur et témoin d'une « donnée ». Le recueil de cette information dans les collections entomologiques et les investigations sur leur auteur ne sont que très occasionnellement entrepris dans les musées d'histoire naturelle et encore moins mis à disposition. Nonobstant la question des moyens financiers et des compétences taxinomiques requises, l'antinomie des cultures historiques et naturalistes – ou littéraires et scientifiques – fondatrice de nos institutions de recherche et d'enseignement doit aussi en être grandement responsable. Pour le dire autrement et succinctement, les historiens se sont arrêtés aux cabinets de curiosités et les naturalistes préfèrent le « terrain » aux enquêtes bio-bibliographiques, muséologiques et archivistiques.

En parallèle des enquêtes orales auprès des naturalistes vivants, des recherches pour retrouver les descendants des lépidoptéristes disparus, des inventaires de collections publiques et privées localisées en France ou à l'étranger, l'Atlas entomologique régional (Nantes) mène une prospection contemporaine de son territoire d'étude, visitant les 179 mailles de 100 kilomètres carrés des départements de la Loire-Atlantique et de la Vendée, à différentes époques de l'année et dans différents milieux, en adéquation avec la biologie et l'écologie des espèces bien connues en général ; un programme de recherches sur les plantes-hôtes larvaires est toutefois mis en place en considérant certaines lacunes de la connaissance régionale. L'état d'avancement des opérations de documentation historique et de prospection contemporaine est rapporté chaque année dans la *Lettre de l'Atlas entomologique régional (Nantes)*[5].

Le projet éditorial d'une biohistoire des papillons

En janvier 1999, un texte, sous le titre « Le projet français de biohistoire : les lépidoptères rhopalocères de la Loire-Atlantique et de la Vendée », est envoyé à un certain nombre de personnalités politiques, scientifiques et administratives. Le document « *tente de montrer simplement l'originalité scientifique et culturelle de cette entreprise soutenue par la passion et l'enthousiasme. La notion de biohistoire derrière laquelle se range ce projet ainsi que l'association qui l'a conçu y sont tout d'abord présentées. Après une justification du choix du matériel biologique et un exposé des méthodes d'investigation, les enjeux scientifiques du projet sont replacés dans le cadre des recherches actuelles sur la biodiversité. Enfin, une réflexion est ouverte sur le concept de "biopatrimoine"* ». L'auteur poursuit : « *Si l'ambition est de proposer de nouvelles notions à l'interface des sciences naturelles et humaines, le véritable challenge, au plan éditorial, est de rassembler les compétences et de réunir les partenaires prêts à se lancer dans l'aventure d'un ouvrage érudit, d'actualité scientifique, qui soit aussi un beau livre à l'instar des livres d'art. Cette volonté de concilier l'esthétique et la science n'est d'ailleurs pas sans rapport avec la notion de biohistoire qui, dans son acception la plus générale, entend rapprocher nature et culture, science et société* ». Le texte paraît initialement en mars dans la *Lettre de l'Atlas...* (Perrein 1999) puis est repris dans *Penn ar Bed* (Perrein 2000), le bulletin trimestriel de la Société pour l'étude et la protection de la nature en Bretagne, à la demande de François de Beaulieu, son directeur[6].

Adossée à la notion de biohistoire, le biopatrimoine est en effet explicité ainsi :

> *« Avec l'émergence d'une biohistoire, il est devenu un lieu commun de dire qu'il n'existe plus de "milieux naturels" échappant à une quelconque artificialisation ou anthropisation. La biologie de la conservation s'applique d'ailleurs bien souvent à montrer comment des facteurs anthropozoogènes sont responsables en Europe du maintien de la biodiversité. Aussi, bien que l'expression de "patrimoine naturel" ait pris naissance par opposition au "patrimoine culturel", elle n'en demeure pas moins obsolète et impropre aujourd'hui où les "gestionnaires de l'environnement" s'accordent à reconnaître, par exemple, que le fauchage ou le pâturage ressortissent aussi à la culture scientifique et technique. Le concept de biopatrimoine, affranchi de l'adjectif rédhibitoire, peut donc rappeler une indiscutable diversité biologique en évitant la longueur de l'expression "patrimoine faunistique et floristique". Si avec l'emploi répété du signifié, le nom devrait gagner sur tout autre syntagme, le biopatrimoine peut être plus qu'un commode raccourci de langage. Son acception gagnerait en effet à tenir compte d'une réalité muséologique d'histoire naturelle, d'une part, et à se référer aux caractères géographiques et sociologiques intrinsèques à la notion de patrimoine, d'autre part » (Perrein, 1999 et 2000).*

Dans un premier point, il est donc rappelé le paradoxe des collections d'histoire naturelle entre nature et culture comme souligné plus haut. L'auteur remarque aussi qu'après deux décennies d'un « écologisme zoobotanophile » irrationnel tombé dans le champ politico-administratif, ces collections ne sont plus du tout encouragées et celles qui sont conservées dans les institutions publiques cherchent tout autant une affectation socioculturelle que des fonds pour leur salut.

Le second point est nouveau ; selon son auteur,

> *« le biopatrimoine devrait être compris comme une construction sociale territorialisée. Il résulte en effet d'une connaissance naturaliste qui relativise par rapport à un territoire l'intérêt de la présence de telle ou telle espèce, de telle ou telle communauté d'êtres vivants. Aussi, cette référence géographique à une échelle spatiale devient ipso facto politico-administrative pour la plupart des citoyens dont le sentiment d'appartenance à une communauté d'habitants épouse les limites géopolitiques, depuis la commune jusqu'à la Communauté européenne. Si la biodiversité est un patrimoine pour l'humanité, les espèces et les biocénoses endémiques sont a fortiori perçues comme patrimoniales pour les États hôtes, renforçant l'identité nationale. Mais à une autre échelle, le très ancien petit bois qui subsiste dans une vaste commune agricole d'une plaine céréalière acquiert lui aussi une évidente dimension patrimoniale pour ses habitants. L'échelle crée la "patrimonialité" biologique et, entre biogéographie et géographie administrative, le biopatrimoine s'intercale souvent comme un pseudo-endémisme ».*

Les soutiens institutionnels au projet demeurent inexistants, d'autant que l'Atlas entomologique régional (Nantes) se tient à distance des instances administratives, ne cachant pas sa position critique des listes d'espèces protégées d'insectes qu'elle juge absurdes et biotechnocratiques, gagne-pain de nombreux bureaux d'étude en environnement ou domaine d'activités de quelques universitaires en recherche de crédits, au sens propre voire figuré. L'association, dont la plupart des membres ne sont pas dupes non plus d'une certaine communication politico-démagogique sur la biodiversité, plaide pour une reconnaissance de ce biopatrimoine et le développement d'une culture naturaliste ; elle interpelle : « si l'homme a un devoir de mémoire envers la biosphère, alors où sont les biohistoriens ? » ; la « petite phrase » est relayée par *Le Monde* dans un article qui apporte un certain réconfort moral à ses membres (Perrein 2000). L'espoir est relancé en ce début de XXIe siècle par la fondation de l'Institut français de la Biodiversité et son premier appel à proposition de recherche…

Un parcours du combattant

L'Institut français de la biodiversité (IFB)

Tout juste créé en 2000 à l'instigation du ministère chargé de la Recherche et bénéficiant d'un budget avant même sa création, comme l'écrit son très influent président, l'Institut français de la biodiversité lance un appel d'offres en août permettant d'évaluer les forces et les faiblesses de la communauté scientifique française dans le domaine de la biodiversité (Lefeuvre 2003). Quatre grands axes sont définis dans l'appel à proposition de recherche :

1 – Origine, distribution et dynamique de la biodiversité ;
2 – Protection et restauration de la biodiversité ;
3 – Biodiversité et développement durable ;
4 – Valeurs et mises en valeur de la biodiversité.

L'équipe de l'Atlas entomologique régional (Nantes) répond à l'appel à proposition de recherche placé sous l'égide du ministère de l'Aménagement du territoire et de l'Environnement (MATE) en se positionnant principalement sur les axes 1 et 4, estimant répondre parfaitement à cet appel d'offres. Le projet est intitulé « *L'érosion de la richesse spécifique des lépidoptères rhopalocères dans l'ouest de la France ou la mise à l'épreuve des concepts de "biopatrimoine", en muséologie, et de "culture naturaliste", en anthropologie-sociologie* ». Le dossier de réponse en vingt-cinq exemplaires est monté et les nombreux établissements muséologiques engagés en vertu de leurs collections inventoriées sont cités comme partenaires. L'objectif de publication d'un ouvrage de biohistoire des papillons n'apparaît pas dans le résumé demandé (300 mots au maximum) même si cet aspect éditorial n'est pas dissimulé. La direction de l'IFB refuse de soutenir le projet et transmet, dans un souci de transparence, les avis suivants des deux rapporteurs anonymes, dont l'un est membre de la commission scientifique :

> *« dans sa forme, le projet n'est pas évaluable en termes scientifiques. Projet potentiellement intéressant mais dont on doute de la faisabilité au niveau scientifique souhaitable pour tenir ses promesses – puisqu'il s'agit (1) de partir d'un inventaire répété dans le temps difficile à évaluer ; (2) d'un projet conduit par un hors-statut mal formé et positionné pour réussir. À mon avis, ce type de travail devrait être conduit ou repris dans le cadre des études que peut soutenir le MATE. La dimension recherche, à ce stade[,] est insuffisante – et toute la*

valeur du projet en souffre. Projet dont le soutien n'est pas recommandé » (premier rapporteur)

« projet atypique, émanent [sic] d'un historien des sciences demandeur d'emploi. Il serait évidemment difficile à l'IFB de fournir un salaire à C. Perrein. Néanmoins, la démarche est originale et, à cond[i]tion que celui-ci ne travaille pas comme autodidacte mais se mette sous l'autorité d'un scientifique reconnu dans le domaine de la biodiversité, ce projet pourrait être soutenu. Un soutien de 100 KF pourrait être envisagé, afin de ne pas décourager les bonnes volontés et les approches sortant de l'ordinaire » (second rapporteur)

L'Institut français de la biodiversité organise à Tours, en décembre 2002, ses premières « Journées » de restitution des travaux ; l'Atlas entomologique régional (Nantes) affiche ses premiers résultats dans un poster intitulé : *The erosion of butterfly diversity in western France* (Perrein 2003). Une copie de ce document – avec notamment les droites de régression établies suivant plusieurs périodes chronologiques dans un diagramme aire-espèces attestant l'accélération de l'érosion de la richesse spécifique – ainsi que celle du poster bilingue « *Biohistory and technotope* / Biohistoire et technotope » présenté en juin 1993 au congrès de l'International Association for Landscape Ecology à Rennes (1993), sont envoyées à l'Université Harvard au professeur Edward O. Wilson, le « père de la biodiversité », qui répond par un petit mot d'encouragement apportant du baume au cœur à toute l'équipe de recherche[7].

Nous soumettons de nouveau un projet à l'appel à propositions de recherches « Biodiversité et changement global » lancé en 2003 par l'IFB et le ministère de l'Environnement, intitulé « *La mesure de l'érosion de la diversité des Invertébrés : le cas des lépidoptères Hesperioidea et Papilionoidea dans l'ouest de la France* ». Dans une très aimable lettre, Jacques Blondel écrit avoir :

« pris grand intérêt à votre présentation à Tours et persiste à penser que votre approche devrait mieux être prise en considération. Cela dit, je ne peux évidemment rien préjuger de l'accueil qui sera fait à votre projet, le comportement des rapporteurs étant parfois capricieux et le président de la Commission scientifique que je suis n'ayant guère d'autre pouvoir que celui de veiller à la régularité des procédures (...). Je vois que votre parcours personnel est original et en tout cas très intéressant (...)[8].

L'avis de la commission scientifique est de nouveau défavorable, écrivant notamment que la « *capacité du demandeur à analyser et à valoriser ses résultats dans des revues scientifiques soumis à l'arbitrage de referees n'apparaît [pas] au vu de sa liste de publications* » ; elle émet en définitive l'appréciation générale suivante :

> « *il s'agit d'un projet original par la nature des questions posées, mais qui n'a pas de capacité démontrée à valoriser les observations et les résultats sous forme d'articles scientifiques. Le fond scientifique fait référence aux méta-populations, à la théorie des îles, à la notion d'espèces satellites de Hanski (1982), au concept de technotope [merci qui !], mais ignore des travaux récents, même directement lié au sujet (*[9]). En conclusion, des collaborations complémentaires d'écologues permettraient probablement de donner au sujet l'ampleur qu'il mérite* ».

Le défaut d'articles dans des revues anglophones de rang A est rédhibitoire : la leçon est retenue… et fait sourire le demandeur ! Il a en mémoire cet article cosigné par treize personnes (Parmesan et collaborateurs 1999) et publié dans *Nature*, lequel fit grand bruit dans la presse de vulgarisation scientifique et quelques grands quotidiens alors que la cartographie en illustration en était des plus fallacieuses[10]. En décembre 2005, nous avons toutefois le plaisir d'afficher un résumé du projet éditorial de *Biohistoire des Papillons* lors des troisièmes journées de l'Institut français de la biodiversité à La Rochelle, mettant bien en exergue les mots encourageants d'Edward O. Wilson, Roger L.H. Dennis[11], Pierre Dupont, Renaud Paulian et André Fouquet.

Au lancement du projet, l'Atlas entomologique régional espérait bien obtenir une prospection acceptable avant le XXIe siècle. L'état d'avancement des travaux au 31 décembre 2000 était déjà sans doute très satisfaisant mais il fut décidé de continuer la prospection contemporaine. En effet, les encouragements institutionnels se faisaient plutôt rares, la rédaction du projet était en cours et rien ne devait de toute façon empêcher la poursuite des investigations de terrain. Outre la tentation du « perfectionnisme », il était intéressant de suivre l'évolution annuelle du nombre des nouvelles occurrences à des fins statistiques, pouvant apporter des gages supplémentaires de scientificité. De fait, la qualité de la prospection arrêtée au 31 décembre 2005 est un des points forts du travail au plan méthodologique[12]. En attendant, l'espoir de voir aboutir l'ambitieux projet éditorial, faute de laboratoire de rattachement et de soutiens financiers, s'amenuise en conséquence au fil des années. En résumé, les scientifiques nous prennent pour des « amateurs » et les politiques pour des « écologistes » !

La solitude du « coureur de *fonds* »
et un bel ouvrage à l'arrivée

Le projet pouvait-il ne pas aboutir par la faute d'un autodidacte indiscipliné ? Il a déjà été dit que l'interdisciplinarité procède fondamentalement d'une indiscipline... Fille de l'histoire et de l'écologie, la biohistoire ne doit-elle pas nécessairement être orpheline pour exister comme vraie interdiscipline ? Mais quand le doute le plus profond vous étreint, alors que l'amour des sciences conduit votre vie, il ne vous reste plus qu'à soigner votre dépression en lisant les biographies des savants que vous admirez ou mieux, si les perspectives théoriques vous procurent toujours autant de plaisir, à vous plonger dans la lecture des ouvrages de nos plus brillants sociologues des sciences. Surtout, remède de simple bon sens en l'occurrence, vous guérirez en vous rassurant auprès de ceux qui ont œuvré avec vous dans le plus total désintéressement ; toute l'équipe de l'Atlas entomologique régional (Nantes) est convaincue de la valeur du travail accompli ! Comment pourrait-il en être autrement ?

Des dizaines de milliers de kilomètres ont été parcourus par des centaines de bénévoles. Des milliers d'échantillons naturalisés ont été inventoriés dans des institutions publiques à Paris, à Nantes, à La Roche-sur-Yon, aux Sables-d'Olonne, à La Rochelle, Angers, Rennes, Niort, Autun, Guéret, Chambéry, Florence, Innsbruck, Genève, Rabat, etc. Des milliers de fiches ont été saisies dans une base de données informatique. Un logiciel spécialement conçu a été créé notamment pour rechercher l'antériorité des témoignages devant référencer la cartographie diachronique, pour chaque maille, chaque espèce, chaque période chronologique. La plus grande partie du manuscrit – qui comptera entre trois et quatre millions de signes – est alors rédigée selon un plan bien arrêté ; une batterie de relecteurs est sollicitée. Une très exigeante iconographie[13] a été rassemblée et sélectionnée, nécessitant de visionner des milliers d'images. Des essais de mise en pages sont réalisés, des devis auprès d'imprimeurs et maquettistes permettent d'établir au plus juste un budget prévisionnel. De nombreux dossiers sont envoyés ou remis à des professeurs et directeurs de recherche, des responsables politiques ou administratifs...

Au 31 décembre 2005, la cartographie diachronique repose sur quelque 84 000 témoignages de présence d'espèce, localisés et datés, soit très exactement 26 239 témoignages avant 1990 et 57 680 pour la période 1990-2005. Toute l'équipe est certaine, sans l'ombre d'un doute, d'avoir établi une connaissance inégalée sur la faune des papillons de deux départements français (biologie, habitats et conservation), produit des résultats de qualité sur l'érosion de la diversité d'un groupe taxinomique et, enfin, apporté quelques matériaux utiles à la compréhension du phénomène de changement global (*Global Change*). L'enjeu est aussi esthétique et, plus subtilement, sociologique car il s'agit de faire la démonstration qu'un ambitieux programme de recherche peut être mené collectivement en s'appuyant sur le bénévolat et être restitué par un « beau livre ». Sans doute, était-ce aussi là une autre pierre d'achoppement. Impensable en effet de se présenter devant un éditeur sans avoir de financement et tout autant difficile d'aller solliciter des fonds en période de crise auprès de politiques, en n'ayant ni éditeur ni structure de recherche ou grande institution partie prenante. Qui plus est, aucune des trois collectivités (Ville de Nantes, Conseil général de la Vendée et Muséum national d'histoire naturelle de Paris) détentrices des plus importantes collections, en nombre d'échantillons ayant contribué à la cartographie, n'a souhaité soutenir l'édition de l'ouvrage.

Une interminable et épuisante « course de fonds » de cinq ans (2006-2010) a été nécessaire pour réunir la belle cagnotte qui doit convaincre le futur éditeur. L'équipe est tout d'abord lauréate d'un appel à projet « Sauvegarde et valorisation de la biodiversité en Pays de la Loire» lancé en 2006 par le Conseil régional des Pays de la Loire. Cette promesse de financement aide à obtenir les suivants, au Conseil général de la Loire-Atlantique[14] et à la Direction régionale de l'environnement, de l'aménagement et du logement (Dréal). L'association apporte plusieurs milliers d'euros sur ses fonds propres, grâce notamment à un important don privé[15]. Enfin, sachant que l'édition aurait lieu, Nantes Métropole alloue *in extremis* une subvention en juin 2011. En 2008, le directeur des Presses universitaires de Rennes (PUR) avait accepté de soumettre le projet à son comité éditorial, composé d'universitaires des facultés de lettres et sciences humaines de tout l'ouest de la France, lesquels font appel à un expert extérieur dont le rapport dissuade le comité de s'engager en l'état du manuscrit, amputé de quelques parties dont l'illustration graphique. Grâce à la confiance et à la persévérance du directeur, le sociologue Pierre Corbel, et du maquettiste pressenti, Benoît Fleurance, le volumineux manuscrit bien au complet est soumis une seconde fois en juillet 2010 au comité éditorial des PUR qui, après consultation du rapport de lecture tout à fait élogieux de l'expert sollicité[16], donne son accord pour l'édition de cette *Biohistoire des Papillons. Diversité et conservation des lépidoptères rhopalocères en Loire-Atlantique et en Vendée*. Paru en juin 2012 après le lancement d'une souscription[17], l'ouvrage de 24 x 28 centimètres à la française, relié et cousu, couverture en carton rembordée pleine toile sous jaquette pelliculée, pèse 3,2 kilogrammes pour 624 pages couleur sur papier couché satiné, comprenant environ 1300 illustrations dont quelque 800 photographies et 500 cartes et graphiques.

Après les préfaces de Jean Guilaine et de Gérard Ch. Luquet, cette *Biohistoire des Papillons* s'organise principalement en cinq parties. Une présentation du territoire d'étude dessine à grands traits le « cadre ananthropique » puis tente un aperçu de biohistoire en résumant l'artificialisation aux différentes périodes chrono-culturelles, depuis le paléolithique jusqu'à la période subactuelle ; une seconde partie, « L'étude régionale des lépidoptères rhopalocères », retrace trois siècles de lépidoptérologie, précise les sources historiques du biopatrimoine puis présente les prospections, historique et contemporaine. Constituant le corps de l'ouvrage, la troisième partie détaille les 110 espèces actuelles, non revues ou éteintes, avec des monographies illustrées et savantes, offrant une information scientifique et culturelle souvent originale, ainsi qu'une iconographie et une cartographie diachronique exemplaires. Plusieurs chapitres sur l'érosion de la biodiversité et la biologie de la conservation constituent une quatrième partie d'actualité scientifique, intitulée « Biodiversité et conservation ». Véritable monument élevé à la culture naturaliste régionale, la cinquième partie est un dictionnaire biographique des quelque 650 entomologistes et témoins ayant œuvré à la cartographie historique et contemporaine. Toutes parties confondues, l'ouvrage repose sur des milliers de références archivistiques, muséologiques et bibliographiques.

La Société entomologique de France lui décerne en mars 2013 le prix Ferchault de Réaumur, sa plus haute distinction, attribuée certaines années seulement.

Biopatrimoine et technotope

La faune des papillons de jour (rhopalocères), dont tous les représentants sont phytophages à l'état larvaire et nectarivores à l'état imaginal, résulte bien sûr d'une incessante adaptation aux paysages végétaux, eux-mêmes modelés par plusieurs millénaires d'activités humaines. À cet égard, l'ouverture des manteaux forestiers, la naissance puis l'établissement de systèmes agropastoraux diversifiés sont d'une importance considérable, que l'on songe seulement aux espèces de prairies et de landes. Toutefois, ce n'est pas à ces échelles spatio-temporelles de très longue durée que l'ouvrage apporte une documentation probante.

En analysant la dynamique des aires de répartition régionale des lépidoptères rhopalocères et en en quantifiant la richesse spécifique à grande et moyenne échelles spatiales, sur des pas de temps décennaux, l'étude prouve une érosion de la biodiversité et surtout son accélération dans la seconde moitié du XXe siècle. L'étude tient ses promesses d'une meilleure compréhension des mécanismes en jeux à ces échelles, qu'il s'agisse de la reconnaissance des principaux facteurs – fragmentation, appauvrissement et disparition d'habitats, changement climatique, marginalité aréale (ou chorologique) – et surtout de leur couplage entre eux, plus ou moins en synergie ou antagonistes, suivant les subtilités géohistoriques de l'action technique sur la matière. La marginalité aréale et la perte d'habitats sont deux facteurs dont le couplage favorise d'autant l'extinction. Mais l'un ou l'autre aussi bien que l'un et l'autre de ces facteurs n'expliquent un certain nombre d'extinctions et de régressions d'espèces pour lesquelles le réchauffement climatique est la cause « supralocale » sans doute déterminante[18]. Hiérarchiser les facteurs responsables dans l'espace-temps est plus ou moins simple. Quelques cas choisis d'espèces font entrevoir la complexité des phénomènes[19].

Plutôt que de rappeler encore les actions qui ont porté atteinte à la diversité de la flore (Dupont 2001) et donc de la faune des papillons, il a semblé intéressant et utile *a contrario* d'évoquer par quelques exemples les aspects sociaux et techniques des lieux qui sont les actuels refuges d'espèces rares ou en régression, notamment les « bois mouillés » du Marais poitevin, les « fiefs de vigne » plus ou moins en déprise viticole en Vendée, les anciennes carrières désaffectées, les passages de lignes électriques hautes et très hautes tensions en milieux boisés, etc.[20]. Mais gardons l'exemple le plus démonstratif et heuristique pour la fin, sachant que c'est la quasi-disparition des anciennes landes à bruyères qui explique le plus grand nombre d'extinction régionale et locale d'espèces, une bonne quinzaine, environ une sur cinq en Loire-Atlantique.

Il s'agit de l'hippodrome de Mespras, programmant cinq réunions hippiques par an, géré par une petite société des courses associative, en bordure de la forêt domaniale du Gâvre (Loire-Atlantique). Cet hippodrome fait suite à un « champ de courses » implanté, au milieu des années 1880, dans une très vaste lande humide à bruyères, en bordure du plus grand massif forestier du département. L'espace interne aux pistes, d'environ seize hectares, a toujours été entretenu de façon à conserver une végétation basse pour assurer une bonne visibilité des courses de chevaux aux spectateurs. Cet espace et les coupe-feu qui le fractionnent sont actuellement gérés par l'Office national des forêts, tandis que les pistes, cavalières et « automobile », le sont par la société hippique. Les pistes pour les courses de plat reçoivent des engrais mais non celles pour les courses d'obstacles, ni le chemin de la voiture-suiveuse des commissaires de courses de trot. Sur les quarante-cinq taxons qui ont été observés en ces lieux, une dizaine sont en déclin ou au bord de l'extinction à l'échelle régionale, dont la dernière population connue de l'Azuré de la Pulmonaire *Maculinea alcon* du département, également les dernières populations « continentales » de l'Azuré de l'Ajonc *Plebejus argus* et de l'Agreste *Hipparchia semele*, ainsi que l'Azuré du Genêt *Plebejus idas*, le Céphale *Coenonympha arcania* et le Faune *Neohipparchia statilinus*. Parmi eux, l'Azuré de la Pulmonaire et l'Azuré du Genêt s'y reproduisent surtout dans la lande interne aux pistes, disposant de plantes hôtes abondantes, avec la complicité des fourmis avec lesquelles ils vivent tous les deux en étroite association à l'état larvaire et nymphal (myrmécophilie). L'Agreste a une prédilection marquée pour les pistes, notamment les bandes de terre dénudée de la « piste automobile » où il effectue une thermorégulation dans de bonnes conditions d'homochromie. Quant à l'Azuré de l'Ajonc, espèce également thermophile, il affectionne tout particulièrement les bas-côtés du chemin de la voiture-suiveuse où croît une lande très rase fréquemment fauchée. En définitive, un ensemble d'actions techniques, au service de l'usage hippique des lieux, se substituant à d'anciens usages agropastoraux, ont permis qu'une rare biocénose soit ici conservée. Autrement dit, la pérennité d'opérations techniques peu fréquentes, sur une surface significative d'une formation végétale en voie de disparition, explique ce cortège de papillons très rares à l'échelle régionale (Perrein et Guilloton 2003).

Ce projet a notamment permis de réfléchir à la patrimonialité biologique dans les sciences de l'environnement au moyen de nombreuses conférences et publications[21]. La notion de biopatrimoine y a gagné en maturité depuis sa formulation il y a vingt ans. La patrimonialisation de la nature est devenue un sujet de recherche en anthropologie en ce début de XXIe siècle[22]. L'acception que nous lui donnons aujourd'hui rejoint ces travaux. L'expression « patrimoine naturel » est contre-productive pour faire avancer les idées aux frontières des sciences biologiques et sociales, excluant l'homme comme facteur et agent de gestion et de conservation du vivant. Comment gérer durablement la biosphère ? Cette interrogation biopatrimoniale devient la principale connotation de la biodiversité, après avoir été celle de l'écologisme. Peut-être même que la biodiversité soit devenue aujourd'hui pour beaucoup une autre façon d'invoquer la protection de la nature, tant et si bien qu'il faudrait sans doute rappeler le message précurseur de François Terrasson (1988) qui voyait déjà, il y a plus d'un quart de siècle, la « peur de la nature » au plus profond de notre inconscient comme les vraies causes de sa destruction. Bien sûr, le biopatrimoine doit être compris comme une construction sociale à l'interface d'une connaissance naturaliste et d'une communauté d'habitants, à édifier à toutes les échelles géopolitiques, depuis la commune jusqu'aux plus hauts niveaux de gouvernance. Il n'y a pas de biopatrimoine en soi, il est toujours défini dans un espace-temps par et pour des communautés humaines. En définitive, étant cette matière vivante que l'humanité doit transmettre en héritage, tel un devoir de médiation s'inscrivant dans une temporalité, le biopatrimoine est forcément une notion anthropologique, à l'évidente dimension éthique, historique et culturelle[23].

Bibliographie

Asher Jim, Martin Warren, Richard Fox, Paul Harding, Gail Jeffcoate et Stephen Jeffcoate — 2001, *The Millennium Atlas of Butterflies in Britain and Ireland.* Oxford et New York: Oxford University Press.

Barrau Jacques — 1979, « Anthropologie, écologie, géographie, ethnoscience », in *Situation actuelle et avenir de l'anthropologie en France, Paris 18-22 avril 1977*. Paris : Éditions du CNRS.

Barrière Olivier et Catherine Barrière — 2002, *Un droit à inventer. Foncier et environnement dans le delta intérieur du Niger (Mali)*. Paris : IRD Éditions.

Bertrand Georges et Claude Bertrand — 1975, « Pour une histoire écologique de la France rurale », in Georges Duby et Armand Wallon (dir.), *Histoire de la France rurale*. Paris : éditions du Seuil.

Bertrand Georges — 1978, « L'archéologie du paysage dans la perspective de l'écologie historique », in : *Caesarodunum*, n°13 actes du colloque : archéologie du paysage (Paris, E.N.S., mai 1977), t. 1. Tours : Université de Tours.

Blondel Jacques — 2012, *L'Archipel de la vie. Essai sur la diversité biologique et une éthique de sa pratique*. Paris : Buchet/Chastel.

Bruneau Philippe et Pierre-Yves Balut — 1982, « Positions », *Ramage, Revue d'Archéologie moderne et générale* 1 : 3-33.

Bruneau Philippe — 1985, « L'archéologie buissonnière : 1. L'archéologie du paysage », *Ramage, Revue d'Archéologie moderne et générale* 3 : 231-242.

Chapelot Jean — 1977, « L'archéologie du paysage », *La Recherche* VIII (83) : 999-1001.

Chapelot Jean — 1978, « L'étude des terroirs fossiles. Orientations méthodologiques et résultats récents de l'archéologie en Europe du Nord-Ouest », in *Caesarodunum*, n°13 actes du colloque : archéologie du paysage (Paris, E.N.S., mai 1977), t. 2. Tours : Université de Tours.

Cormier-Salem Marie-Christine et Bernard Roussel — 2000, « Patrimoines naturels : la surenchère », *La Recherche* 333 : 106-110.

Cormier-Salem Marie-Christine, Dominique Juhé-Beaulaton, Jean Boutrais et Bernard Roussel — 2002, *Patrimonialiser la nature tropicale. Dynamiques locales et enjeux internationaux*. Paris : IRD Éditions.

Cresswell Robert — 1980, « Technologie culturelle », *Encyclopaedia Universalis* 15 : 823-828.

Daget Philippe et Michel Godron — 1982, *Analyse fréquentielle de l'écologie des espèces dans les communautés*, préface de H. Ellenberg. Paris : Masson.

Dufournet Paul — 1978, *Pour une archéologie du paysage. Une communauté agraire secrète et organise son territoire. Bassy et alentours (Haute-Savoie et Ain)*. Paris : A. et J. Picard.

Dupont Pierre — 1962, *La Flore atlantique européenne. Introduction à l'étude du secteur ibéro-atlantique*. Toulouse : Faculté des sciences.

Dupont Pierre — 2001, *Atlas floristique de la Loire-Atlantique et de la Vendée. État et avenir d'un patrimoine*. Nantes : Siloë.

Favretto Jean-Pierre et Christian Perrein — 2007, « L'activité entomologique de Philippe Bertheau (1934-1974) aux confins des Deux-Sèvres et de la Vendée au milieu du xxe siècle », *Lettre de l'Atlas entomologique régional (Nantes)* 20 : 1-10.

Gilles Bertrand — 1978, « Prolégomènes à une histoire des techniques », in : B. Gilles (dir.), *Histoire des techniques*. Paris : Gallimard.

Godron Michel — 1984, *Écologie de la végétation terrestre*. Paris : Masson.

Hooper Max-D. — 1970, « Dating Hedges », *Area* 4 : 63-65.

Hooper Max-D. — 1976, « Historical and Biological Studies on English Hedges », in *Les Bocages. Histoire, écologie, économie*, Rennes : INRA, CNRS ENSA et Université de Rennes.

Lefeuvre Jean-Claude — 2003, « Biodiversité : naissance d'une science globale », in *Biodiversité : quels enjeux pour les sociétés ?*, Actes des (1res) journées de l'Institut français de la biodiversité (Tours, 18-20 décembre 2002). Paris : Institut français de la biodiversité.

Lévêque Christian — 2013, *L'écologie est-elle encore scientifique ?*. Versailles : Éditions Quæ.

Liarsou Alexandra — 2013, *Biodiversité. Entre nature et culture*, préface d'André Langaney. Paris : Sang de la Terre.

Liarsou Alexandra — 2014, *Les Sciences humaines et les Sciences du Vivant face à la crise de la biodiversité. Enjeux contemporains et perspectives historiques*. Paris : L'Harmattan.

Lieutaghi Pierre — 1983, « L'ethnobotanique au péril du gazon », *Terrains* 1 : 4-10.

Lizet Bernadette — 1982, « Brider le buisson : une logique de la haie paysanne », in Laurence Bérard et collaborateurs, *Rôle des savoirs et pratiques naturalistes populaires dans la gestion des écosystèmes humanisés*, Paris : MNHN-Ministère de l'Environnement.

Marty Pascal, Franck-Dominique Vivien, Jacques Lepart et Raphaël Larrère (dir.) — **2005**, *Les Biodiversités. Objets, théories, pratiques*. Paris : CNRS éditions.

Matthews Anne — 1992, *Where the Buffalo Roam. The storm over the revolutionary plan to restore America's Great Plains*. New York: Grove Weidenfeld.

Michon Geneviève et Florence Pinton — 2003, « Accès, usages, savoirs et pratiques. Les sciences sociales dans le champ de la biodiversité : quelles orientations pertinentes à moyen terme pour la recherche ? », in : J. Blondel (dir.), *Biodiversité : quels enjeux pour les sociétés ?*, actes des premières Journées de l'Institut français de la biodiversité (Tours, 18-20 décembre 2002). Paris : Institut français de la biodiversité.

Naveh Zeh et Arthur S. Lieberman — 1984, *Landscape Ecology. Theory and Application*. New York et Berlin : Springer-Verlag.

Noblet Jocelyn de — 1981, *Manifeste pour le développement de la culture technique*. Neuilly-sur-Seine : Centre de recherche sur la Culture technique.

Parain Charles — 1979, *Outils, ethnies et développement historique*. Paris: Éditions sociales.

Parmesan Camille, Nils Ryrholm, Constantí Stefanescu, Jane K. Hill, Chris D. Thomas, Henri Descimon, Brian Huntley, Lauri Kaila, Jaakko Kullberg, Toomas Tammaru, W. John Tennent, Jeremy A. Thomas et Martin Warren — 1999, « Poleward shifts in geographical ranges of butterfly species associated with regional warming », *Nature* 399 : 579-583.

Perrein Christian — 1984, « Datation d'un système en réseau construit et planté : la haie vive sur talus. L'utilisation des données botaniques de la haie vive », *Revue de l'Art* 65 : 9-12.

Perrein Christian — 1987, *Contribution à l'archéologie des bocages : recherches méthodologiques sur l'utilisation des données botaniques de la haie vive*, mémoire pour le diplôme de l'ÉHESS sous la direction de Jean Guilaine. Paris-Toulouse, École des hautes études en sciences sociales.

Perrein Christian — 1987, « Phytohistoire : les bocages tel un grand jardin », *303 Recherches et créations* 14 : 92-96.

Perrein Christian — 1991, « Archéologie des bocages : phytohistoire de la haie vive », in : Jean Guilaine (dir.) *Pour une archéologie agraire. À la croisée des sciences de l'homme et de la nature*. Paris : Armand Colin.

Perrein Christian — 1991, *Prodrome de biohistoire des lieux à* Quercus ilex *L. dans l'ouest de la France : la phytogéographie et la naissance de l'écologie végétale*, mémoire de DÉA sous la direction de Jean Guilaine, École des hautes études en sciences sociales (Paris). Nantes : Imprimerie contemporaine.

Perrein Christian — 1994, « Émile Gadeceau (1845-1928) et la naissance de l'écologie », in : Jean Dhombres (dir.), *La Bretagne des savants et des ingénieurs*. Rennes : Ouest-France.

Perrein Christian — 1994, « Hommage au citoyen Georges Durand (1886-1964) : la République et son biopatrimoine », *La lettre de l'Atlas entomologique régional (Nantes)* 4 : 61-64. http://www.aer-nantes.fr/images/publications/aer4-6164.PDF

Perrein, Christian — 1995, « Bioéthique et technotope : l'État et l'émoi naturaliste », *Lettre de l'Atlas entomologique régional (Nantes)* 5 : 65-70. http://www.aer-nantes.fr/images/publications/aer5-6570.PDF

Perrein Christian — 1995, *Émile Gadeceau (Nantes 1845 – Neuilly-sur-Seine 1928) : phytoécologue et biohistorien*, thèse de doctorat sous la direction de Jean Dhombres. Paris, École des hautes études en sciences sociales.

Perrein Christian — 1999, « Le projet français de biohistoire : les Lépidoptères Rhopalocères de la Loire-Atlantique et de la Vendée », *La lettre de l'Atlas entomologique régional (Nantes)* 12 : 174-182.

Perrein Christian — 2000, « Le projet français de biohistoire », *Penn ar Bed*, septembre 1998 (mars 2000), 170 : 27-38.

Perrein Christian — 2000, « Où sont les biohistoriens ? », *Le Monde*, Horizons débats, jeudi 14 septembre 2000, 17305 : 19.

Perrein Christian — 2002, « L'étude des tourbières submergées par Émile Gadeceau (1845-1928), biohistorien avant la lettre », in : Jean-Loup d'Hondt et Jacqueline Lorenz (dir.), *Côtes et estuaires. Milieux naturels*. Paris : Éditions du CTHS.

Perrein Christian — 2003, « Le phytoécologue Émile Gadeceau (1845-1928) et le darwinisme », *Æstuaria, sciences humaines et environnement* 4 : 141-154.

Perrein Christian — 2003, « L'érosion de la diversité des papillons dans l'ouest de la France / The erosion of butterfly diversity in western France », in *Biodiversité : quels enjeux pour les sociétés ?*, actes des premières Journées de l'Institut français de la biodiversité (Tours, 18-20 décembre 2002), Paris, Institut français de la biodiversité ; poster en ligne : http://biohistory.free.fr/PosterIFB2002.pdf

Perrein Christian — 2008, « Émile Gadeceau, pionnier de l'écologie », *303 La revue culturelle des Pays de la Loire* 103 : 42-47.

Perrein Christian — 2014, « De l'histoire naturelle au biopatrimoine en Vendée au XXe siècle », in *La Nature pour passion*. Paris : Somogy et Conseil général de la Vendée.

Perrein Christian et Claude Dutreix — 2002, « *Chamaesphecia palustris* Kautz, 1927 (Lepidoptera Sesiidae) en Poitou-Charentes, la biodiversité régionale et le biopatrimoine », *La lettre de l'Atlas entomologique régional (Nantes)* 15 : 19-26.

Perrein Christian et Jean-Alain Guilloton — 2003, « Biopatrimoine et technotope : le cas des Lépidoptères Rhopalocères de l'hippodrome de Mespras, en forêt domaniale du Gâvre (Loire-Atlantique) », *Revue forestière française* 54(1): 34-46.

Perrein-Ettajani, Hanane et Christian Perrein — 2009, « Le biopatrimoine et sa médiation culturelle à l'Université catholique de l'Ouest » dans *Le patrimoine est-il fréquentable ? Accès, gestion, interprétation*, in : Claire Giraud-Labalte, Jean-René Morice et Philippe Violier (dir.). Angers : Presses universitaires d'Angers.

Rey Paul — 1960, *Essai de phytocinétique biogéographique*. Paris : Éditions du CNRS.

Sigaut François — 1981, « Pourquoi les géographes s'intéressent-ils à peu près à tout sauf aux techniques ? », *L'Espace géographique* 4 : 291-293.

Terrasson François — 1988, *La peur de la nature*, dessins de Jean-Louis Boncœur, Paris : Sang de la Terre.

Remerciements

L'auteur remercie Alexandra Liarsou, l'ensemble du comité scientifique organisateur de cette journée d'étude et toutes les personnes ayant participé aux relectures de son texte, Christian Lévêque en particulier.

Notes

[1] Anne Matthews, « The Poppers and the Plains », *The New York Times*, 14 juin 1990.

[2] C'est l'Assemblée des Professeurs, organe de décision du Muséum, qui a demandé au directeur de vendre le domaine de Beautour et d'affecter le capital à l'acquisition de cette collection de cristaux géants. Cette décision a reçu alors le soutien des autorités de tutelle, avec la signature du ministre de l'Éducation Nationale en personne le 19 février 1982 ; voir le texte d'Alfred Berthelot, secrétaire général du Muséum, qui a pu écrire par la suite son récit d'une « Histoire d'une exposition » : « *Aujourd'hui, alors que la collection de Cristaux Géants brille au Muséum, ayons une pensée pour Georges Durand dont la générosité fut un critère déterminant dans la constitution du capital indispensable à l'achat des minéraux. Son nom est désormais et à jamais étroitement associé à cette aventure* ».

[3] L'auteur ne connaissait pas alors les travaux d'André Leroi-Gourhan et d'André-Georges Haudricourt.

Notes

[4] Société des Sciences naturelles de l'ouest de la France, section d'entomologie, réunion du 26 février 1992 au Muséum de Nantes, « Projet d'Atlas entomologique régional ».

[5] Pour une revue des sources documentaires et un exposé de la méthodologie des enquêtes historiques et contemporaines, voir Perrein 2012, pp. 71-86.

[6] Le texte paraît dans le n°170 daté « septembre 1998 » mais en fait imprimé en mars 2000 ; François de Beaulieu est alors le secrétaire général de l'association connue aujourd'hui sous le nom de Bretagne Vivante.

[7] « *Dear Mr. Perrein : Thank you for the copy of your interesting and well executed article on butterfly diversity. I wish you all success in your future research in this important area of research. With best wishes, Edward O. Wilson* », lettre du 9 février 2004 à l'en-tête du Museum of comparative zoology, the Agassiz Museum.

[8] Lettre de J. Blondel à Ch. Perrein du 15 février 2003 à l'en-tête du Centre d'écologie fonctionnelle et évolutive à Montpellier.

[9] B.A. Hawkins et E.E. Porter, « Does herbivore diversity depend on plant diversity ? The case of California Butterflies », *American Naturalist* 161(1), 40-49.

[10] Parmi les treize cosignataires, il y a un Français, le professeur Henri Descimon de l'Université de Provence, auquel nous écrivions bien amicalement, lettre de Ch. Perrein à H. Descimon du 14 juin 2000 : « *Vos succès scientifiques dans* Nature *sont connus aussi des Nantais. Toutes nos félicitations pour cette publication dans la prestigieuse revue. La cartographie de cet article ne m'a personnellement pas convaincu. Sans effronterie, permettez-moi de la trouver même tout à fait fallacieuse. En Scandinavie, l'aire suédoise de* Carterocephalus palaemon *s'arrête à la frontière norvégienne – comme un fameux nuage toxique en France – et pourquoi les populations du sud de la Norvège notamment ont-elles été ignorées (*fig. 2, p. 581*). La même question peut être posée pour* Argynnis paphia *non figurée en Norvège (*fig. 3a, p. 582*). La carte de* Heodes tityrus *est franchement étonnante : il est curieux d'attirer l'attention sur une toute petite population isolée – en Estonie – plus au nord d'une limite de répartition tracée visiblement à la règle (*fig. 4a, p. 582*). Quant à la cartographie de la même espèce en Espagne, aucun biogéographe ne peut croire que les Pyrénées puissent constituer une barrière pour les espèces d'aire eurosibérienne ou médio-européenne ; pourquoi, hors la Catalogne, ne pas figurer la répartition ibérique connue de cette espèce (*fig. 4b, p. 582*) ? Malgré ces quelques critiques, j'accepte volontiers les conclusions de l'article et je serais très honoré d'en recevoir un tiré-à-part dédicacé !* ».

[11] Auteur notamment de *The Ecology of Butterflies in Britain* (Oxford University Press, 1992) et de *Butterflies and climate change* (Manchester University Press, 1993).

[12] Voir le § « 2001-2005 : vers une hyperprospection », *Biohistoire des Papillons*, p. 82.

[13] Les photographies des espèces et de leurs lieux de vie ont toutes été prises dans le territoire d'étude. Les photographies d'imagos ont été réalisées sur le vif, *in situ*, sans aucune intervention préalable, excepté pour *Danaus plexippus*, capturé puis relâché. Les prises de vue d'œuf, de chenille ou de chrysalide effectuées à l'issue d'un déplacement, d'un prélèvement ou d'un élevage sont indiquées en légende par un astérisque. Les photographies des lieux de vol, biotopes larvaires, de ponte ou autres ont toutes été réalisées le jour même d'une observation de l'espèce l'attestant.

[14] Françoise Verchère, vice-présidente déléguée à la qualité de l'environnement et à la protection de la nature, est l'une des rares personnalités politiques approchées qui ait vraiment eu à cœur de soutenir le projet.

Notes

[15] De Solange Bertheau de Saint-Mandé (Val-de-Marne), ingénieure de recherche au CNRS en retraite et ancienne élève de l'École des Chartes, originaire de Fontenay-le-Comte (Vendée), sœur de l'universitaire poitevin Philippe Bertheau (1934-1974) dont l'activité entomologique a été rappelée par l'association (Favretto et Perrein 2007).

[16] Il s'agit de Gérard-Christian Luquet, entomologiste et maître de conférences au Muséum national d'histoire naturelle, département Écologie et gestion de la biodiversité, directeur d'*Alexanor, Revue française de Lépidoptérologie*.

[17] Qui connaît un franc succès et à laquelle participe très activement le Groupe d'étude des invertébrés armoricains (GRETIA) en souscrivant un grand nombre d'exemplaires.

[18] Ainsi que tend à le démontrer la situation d'un certain nombre d'espèces dont le statut de conservation et la dynamique des aires de répartition bien connue outre-Manche est semblable, dans une même grande région bioclimatique (Asher *et al.* 2001).

[19] Les cas du Sylvain azuré *Limenitis reducta* et du Flambé *Iphiclides podalirius*, pp. 448-449.

[20] Voir le chapitre « Biopatrimoine et biohistoire », pp. 449-452.

[21] Voir aussi Perrein et Dutreix (2002), Perrein-Ettajani et Perrein (2009) et Perrein (2014).

[22] Cormier-Salem et Roussel (2000), Barrière et Barrière (2002), Cormier-Salem et collaborateurs (2002), Michon et Pinton (2003), Marty et collaborateurs (2005).

[23] De récents essais sur la diversité biologique analysent et prennent en compte cette dimension anthropologique et sociétale au sens large, notamment : Blondel (2012), Lévêque (2013) Liarsou (2013 et 2014).

La biodiversité urbaine dans l'aménagement : paradoxes d'une gestion technique
Le cas d'une opération d'aménagement durable en métropole lilloise

Antonio DOS SANTOS

Introduction

Historiquement construites en opposition à la nature, parfois même comme un rempart à la sauvagerie présumée de cette dernière, les villes occidentales[1] représentaient jusqu'à peu l'antithèse du naturel (Berque 2010 ; Bonin et Clavel 2010 ; Rudolf et Taverne 2012). Cette opposition est actuellement remise en cause par la multiplication de programmes d'aménagement urbain dits durables. Ceux-ci s'inscrivent dans une dynamique politique nationale qui tend à lier la thématique de la biodiversité à celle de l'urbanisme. Le plan national « restaurer et valoriser la nature en ville », l'une des cibles du plan « ville durable »[2] en atteste. La réintroduction de la nature au cœur des villes serait devenue un levier d'action pour mettre en œuvre la durabilité.

Cependant, cette injonction politique n'est pas sans poser certaines difficultés : difficultés techniques, puisque favoriser le développement de la biodiversité dans un cadre essentiellement minéral suppose des dispositifs innovants (une architecture adéquate, la perméabilisation des sols, etc.) ; nécessité de renouveler les formes urbaines afin qu'elles intègrent une trame de connectivités écologiques ; difficultés organisationnelles et de gouvernance (quelle structure prend en charge l'enjeu de la nature dans des villes essentiellement dévolues à l'humain, et quelle place y trouve le citoyen dans un contexte de développement de sa participation à la conception des projets urbains) ; enfin, difficultés conceptuelles induites par la volonté de rapprocher deux concepts construits en opposition. C'est l'acception occidentale de la ville que ces politiques tentent d'infléchir.

Eu égard à ces différents enjeux, il est déterminant de s'interroger sur la façon dont les diverses parties prenantes de l'urbanisme – dans une perspective large – intègrent cette question et participent au renouvellement des manières de faire la ville, et par extension, de *faire la nature en ville*.

C'est l'objectif de l'enquête qualitative sur laquelle s'appuie ce texte. Les recherches portent sur la phase de conception d'un programme de réhabilitation d'une friche industrielle urbaine en éco-quartier : le projet de l'Union, au nord-est de la métropole lilloise. L'un des enjeux du projet d'aménagement consiste à reconvertir la friche en « quartier générateur de biodiversité »[3]. Pourtant, le lieu est fortement marqué par l'activité anthropique et ses effets néfastes[4]. Ce contexte territorial semblant peu propice à concevoir un espace-ressource pour la biodiversité joue le rôle de catalyseur : il oblige les acteurs du projet à affirmer leurs positions et représentations quant à la biodiversité urbaine et ce qu'elle peut être dans un tel cadre.

Dans ce contexte, nous chercherons à rendre compte des processus et actions à destination de la biodiversité urbaine menés dans le cadre de la requalification du site. Il s'agit de mettre en lumière les rapports sociaux, parfois conflictuels, se nouant autour de la thématique de la biodiversité dans le projet, et la façon dont ceux-ci influencent la prise de décision. Le mode de gouvernance du projet est marqué par la prégnance d'une appréhension technique des problématiques et enjeux induits par le réaménagement, *a fortiori* lorsqu'il est question de sa dimension écologique et de la thématique de la nature en ville. Le terme de biodiversité en particulier révèle cette mainmise.

Nous présenterons dans une première partie le terrain d'enquête et la méthodologie employée. Les recherches ont rapidement démontré la forte représentation d'acteurs techniques au sein des processus de décision, dont le rôle est de produire une forme d'expertise technique de la nature en contexte urbain (parmi d'autres thématiques de l'aménagement), par le biais du concept de biodiversité et des méthodes d'évaluation qui y sont liées. Cette expertise, que nous définirons à cette occasion, concoure à concevoir une nature technicisée.

Ce phénomène de technicisation abouti à une dépolitisation de la question, en rendant presque inaudibles les discours autres qu'experts sur ces thématiques. Dans ce contexte qui leur semble peu favorable, il apparaît intéressant de questionner les réactions des profanes, ce qui fera l'objet d'une deuxième partie. Cette analyse précisera les modalités des mobilisations locales en faveur de la nature en ville.

Notre argumentation conduira, au cours d'une dernière partie, à remettre en cause l'opposition entre expert et profane. Outre le fait que ce dualisme relève plus du jugement de valeur que d'un cadre conceptuel heuristique, il fonde en essence deux groupes sociaux, en rendant impossible une conciliation de leurs points de vue respectifs. Les difficultés à concevoir une réintroduction de la nature en ville ne semblent pas tant liées à une opposition de représentations et de pratiques différenciées selon le groupe d'appartenance, qu'à un paradoxe inhérent aux fondements de notre représentation du monde et de son évolution.

Expertise technique au sein du projet de l'Union : cadre théorique, méthodologique et influence sur les processus décisionnels

Une première analyse des schémas d'organisation du projet d'aménagement a révélé une forte appropriation des thématiques de la biodiversité et de la nature par une sphère technique composée de techniciens intégrés aux collectivités territoriales concernées (Lille Métropole Communauté Urbaine, municipalités concernées, etc.) mais également d'experts issus de bureaux d'études et mandatés ponctuellement dans le cadre d'une assistance à maîtrise d'ouvrage. Dans cette première partie, nous présenterons le contexte du terrain d'étude et la méthodologie d'enquête, avant de fournir des éléments de cadrage conceptuel quant à cette sphère technique, pour enfin préciser son influence sur les processus décisionnels et la façon d'appréhender la biodiversité au sein du programme de réhabilitation.

Présentation du terrain d'enquête et aspects méthodologiques

La zone d'aménagement concerté de l'Union s'étend sur 80 hectares, sur les communes de Roubaix, Tourcoing et Wattrelos, au sein du versant nord-est de la métropole lilloise, limitrophe de la Belgique. Cet espace a connu une forte croissance économique à partir de la seconde moitié du XIXème siècle. L'activité industrielle y était alors essentiellement textile[5] Le développement s'y est poursuivi jusque dans la seconde moitié du XXème siècle, avant d'être progressivement interrompu par un processus de désindustrialisation au cours de la décennie 1970. Dès 1980, elle a fait l'objet de velléités de reconversion économique assumées[6]. Cependant, la concurrence entre municipalités du secteur a précocement mis un terme à cette réorientation économique (Estienne et Gaudefroy 2008), la reconversion passant peu à peu à l'arrière-plan des priorités d'aménagement métropolitain[7].

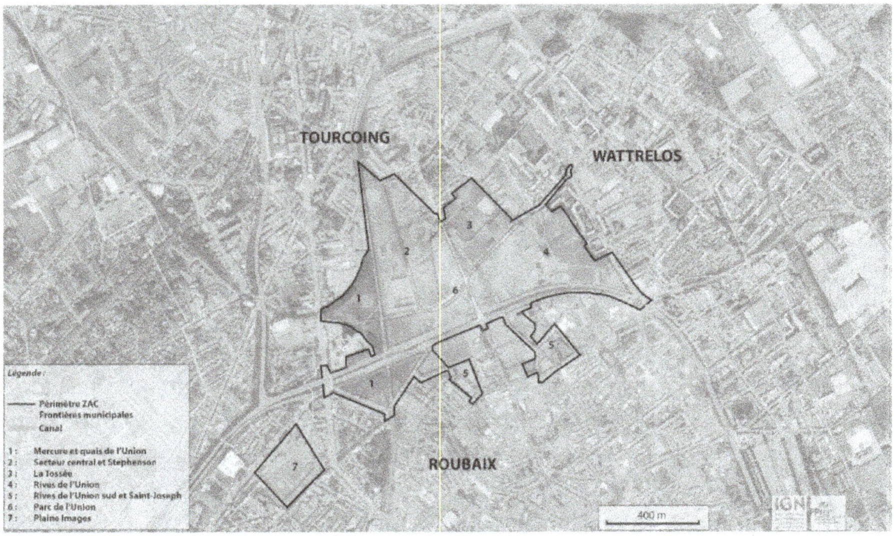

Source : carte réalisée par l'auteur, 2015. Fond de carte, IGN, Géoportail

Figure 1. Les secteurs de la zone d'aménagement concerté de l'Union

En 2002, une nouvelle impulsion est donnée au projet de réhabilitation, lorsque l'espace de l'Union est désigné comme site d'excellence métropolitain[8] dans le schéma directeur de développement et d'urbanisme de Lille métropole communauté urbaine (LMCU[9]). Ce n'est qu'en 2006 que la décision d'en faire l'éco-quartier pilote de la communauté urbaine est entérinée, en partie par effet d'opportunité[10]. Selon les termes de l'Agenda 21, il s'agit alors de créer « un véritable morceau de ville, vitrine du développement durable en Nord Pas de Calais »[11]. En 2011, le Grand Prix National Éco-quartier[12] est attribué au projet de l'Union.

Le projet, de par l'importance des moyens engagés[13] et des nombreux enjeux sous-jacents, favorise l'émergence d'une organisation extrêmement complexe et nébuleuse, notamment en raison du grand nombre d'acteurs concernés. Cette complexité est accentuée par la mise en place de dispositifs de concertation destinés aux acteurs de la société civile. Depuis la fermeture des « châteaux de l'industrie »[14], l'espace est faiblement fréquenté. Peu d'habitants y résident encore, parfois au prix d'une lutte de longue haleine[15]. Par conséquent, ce sont notamment les associations implantées dans les quartiers limitrophes[16] qui investissent les dispositifs de participation du programme de l'Union.

Afin de cerner au mieux cette organisation, l'enquête a été conçue sur des fondements qualitatifs. Réalisée entre novembre 2011 et novembre 2014, elle a ciblé l'ensemble des populations et groupes concernés par la rénovation du site, en se focalisant sur les trois groupes suivants et leurs interactions : acteurs politiques et institutionnels se situant au cœur des mécanismes de décision ; acteurs privés et publics mobilisés par la maîtrise d'ouvrage pour leur expertise sur des thématiques spécifiques, biodiversité ou énergie par exemple ; associations locales présentes au sein des dispositifs de concertation.

Les démarches suivantes ont été mises en œuvre : en premier lieu et en tant que matériau central, une cohorte de quarante-quatre entretiens semi-directifs. La figure ci-après précise la position des enquêtés dans les processus de décision ainsi que leur fonction. Les interviews ont été réalisées à l'aide d'une grille d'entretien thématisée revenant dans l'ordre sur : le rapport à l'espace, tant d'un point de vue historique que du projet ; la position dans les schémas actanciels, les discours sur les rapports entre différentes partie prenantes ; l'aspect environnemental du projet, incluant les thématiques de la biodiversité et de la nature en contexte urbain ; les représentations et pratiques liées à la nature dans un cadre plus large que celui de l'Union.

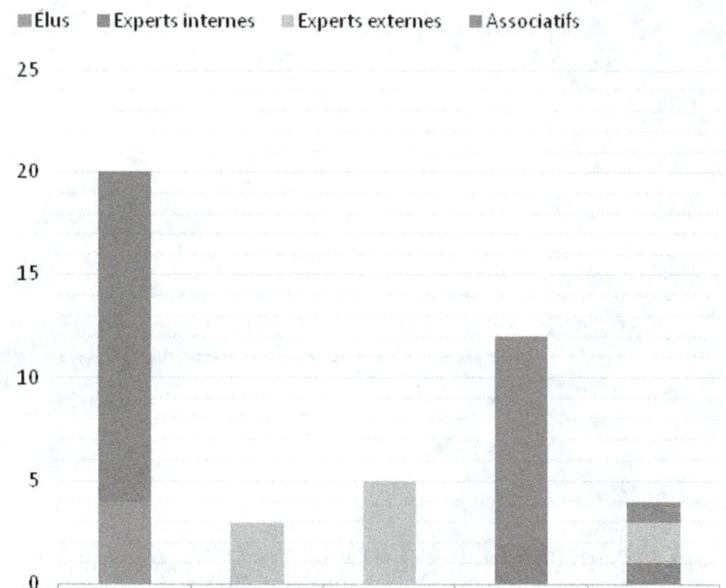

	Maîtrise d'ouvrage	Maîtrise d'œuvre	AMO	Associations	Autres
Associatifs	0	0	0	10	1
Experts externes	0	3	5	0	2
Experts internes	16	0	0	2	1
Élus	4	0	0	0	0

Figure 2 : Nombre d'interviewés selon leur fonction et leur structure d'appartenance[17]

En second lieu, différentes phases d'observation participante et non-participante[18] ont été menées. Celles-ci avaient pour objectif de cibler plus précisément les mécanismes de décision et de gouvernance, en tentant de déterminer les relations entre acteurs du projet. Ces observations concernent aussi bien des temps de concertation publique organisés par la maîtrise d'ouvrage, des dispositifs décisionnaires plus fermés, que des manifestations associatives en lien avec le réaménagement. Elles ont notamment été l'occasion de participer aux instances énumérées dans le tableau ci-après[19] :

Organisateur	Instance / Manifestation
Maîtrise d'ouvrage	« Assises de l'Union » : temps d'information annuel visant à réunir l'ensemble des acteurs concernés (élus, experts internes et externes, associatifs, habitants,...) durant une journée, avec un double objectif d'information-concertation. N'ont pas eu lieu depuis 2012.
	Points-informations de l'avancement du projet : réunion bimensuelle présentant les réalisations, et généralement consacrées à une thématique (pollution ou biodiversité par exemple).
	Groupe de travail Biodiversité : définition de la stratégie Biodiversité. (groupe restreint aux acteurs sollicités par l'aménageur, comprend des associatifs).
	Groupe de travail Énergie : définition de la stratégie Énergie (groupe restreint aux acteurs institutionnels).
Maîtrise d'œuvre	« Fête des jardins rêvés » : mise à disposition d'espaces réduits sur le site de l'Union pour l'aménagement temporaire de jardins. Encadré par l'architecte-paysagiste.
Associations	« Portraits – Nature de Quartier » : Cheminements piétons répétés sur et autour du site de l'Union, avec l'objectif de produire un « diagnostic participatif » de la biodiversité.
	Opérations « Mon jardin corridor » : Sensibilisation à la biodiversité présente dans les jardins privés.
	Balades urbaines à l'Union : organisées à l'occasion de la Saint-Urbain, visent à sensibiliser au paysage urbain et à l'architecture.

Figure 3 : Observations menées en fonction de l'organisateur et du type de manifestation, réalisé par l'auteur, 2015

Ces différentes méthodes d'enquête visaient à prendre en considération une large part des processus de décision et des relations entre acteurs du projet, qu'il s'agisse de temps officiels ouverts au public, de réunions plus confidentielles, d'initiatives associatives encadrées par la maîtrise d'ouvrage ou d'autres moins contraintes car indépendantes des institutions. Le travail empirique a confirmé la complexité de la gouvernance du projet, simplifiée dans la figure suivante :

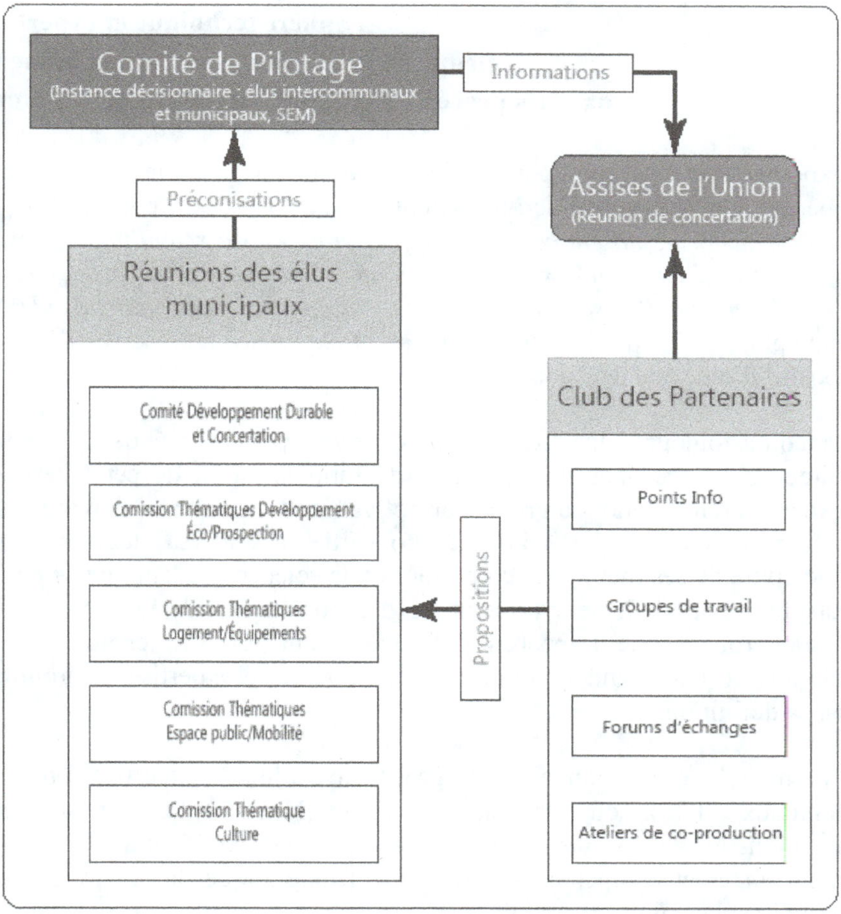

Figure 4. Schéma de gouvernance simplifiée

Dans ce schéma de gouvernance, de nombreux acteurs ont pour rôle de formuler des préconisations techniques d'aménagement. Ces derniers sont présents dans l'ensemble des instances illustrées par la figure précédente[20]. Leur forte représentation entraîne l'émergence d'une appréhension technique de la nature dans la conception du projet, tel que nous le décrirons plus loin. Nous considérons que l'ensemble de ces acteurs forme une « sphère technique », composée de deux sous-groupes se différenciant en fonction de leur lien avec les institutions publiques. La première catégorie comprend des acteurs directement affiliés aux collectivités territoriales (communauté urbaine, municipalités). La seconde désigne quant à elle les membres de structures intervenant ponctuellement sur le projet, notamment dans le cadre d'une assistance à maîtrise d'ouvrage. Alors que la première relève d'une forme d'expertise interne, la seconde est externe. Ces deux groupes exercent une influence différente sur les processus de décision.

Sphère technique et expertise : éléments de cadrage théorique et influence dans les processus décisionnels du projet de l'Union

L'expertise est définie par Philippe Roqueplo comme un exercice d'opérationnalisation de l'activité scientifique à l'usage du politique. « (...) *Ce qui transforme un énoncé scientifique en expertise scientifique, c'est le fait que son énonciation soit intégrée au dynamisme d'un processus de décision, et qu'elle soit formulée à l'usage de ceux qui décident.* » (Roqueplo 1997, p. 15). Initialement, l'expertise représente donc un dispositif d'aide à la décision.

Le recours toujours plus fréquent à l'expertise par les acteurs de l'action publique s'intègre dans un processus de rationalisation de cette dernière. L'expertise remplit alors un rôle d'objectivation, fondé sur le « mythe d'une décision rationnelle » (Cadiou 2006). Elle assoie sa légitimité sur l'objectivité de ses méthodes, empruntées à la science académique. *A priori*, c'est donc essentiellement le contexte d'énonciation – intégration ou non dans les rouages de l'appareil politique – qui les différencie. Or, des évolutions récentes tendent à multiplier les sources d'expertise, et brouillent ainsi sa définition.

En premier lieu, la reconnaissance progressive d'une « expertise d'usage » (Blondiaux 2008), ou « savoir d'usage » (Nez 2011), attribuée aux populations locales parfois définies comme profanes tend à leur attribuer des connaissances et compétences héritées de leur pratique du territoire. Cette reconnaissance qui se traduit par le développement d'une forme de démocratie participative – en particulier dans l'aménagement urbain – contribue à diversifier les acteurs de l'expertise. Nous y reviendrons au cours de la deuxième partie.

En second lieu, la multiplication de bureaux d'études techniques spécialisés[21] et le recours à ceux-ci, extraient la figure de l'expert du seul cadre d'un champ académique universitaire sollicité ponctuellement. L'expertise technique, que nous traiterons ici dans le cadre de l'aménagement urbain, partage les éléments fondateurs de l'expertise scientifique : l'objectivation des décisions politiques par un recours à des méthodes présentées comme rigoureuses. Son développement s'inscrit dans l'émergence de nouveaux « espaces politiques de l'expertise » (Barbier et collaborateurs 2013).

Compte tenu de l'organisation du programme de réhabilitation du site de l'Union « en mode projet » (Leroy 2007), les individus exerçant une activité d'expertise technique sont visibles dans presque l'ensemble de la chaîne de décision du programme de l'Union et sont surreprésentés. Qu'ils soient techniciens d'institutions publiques ou spécialistes de bureaux d'étude privés, ils forment une sphère technique omniprésente.

Si nous différencions ici une expertise technique externe et une expertise intégrée menée essentiellement par les techniciens des collectivités et institutions publiques, c'est qu'ils font preuve de comportements divers. Au-delà de leur récurrence dans l'organisation, les individus composant la sphère technique se targuent parfois de l'influencer, actions qu'ils justifient par des motifs contrastés. Dans le cadre de cette enquête, deux groupes ont été identifiés : le premier regroupe majoritairement des techniciens internes aux collectivités territoriales qui occupent une posture plutôt attendue, en se considérant comme une aide, un appui à la décision. À cette occasion, nous pourrions évoquer une forme « d'allégeance » décelable par la formation d'un binôme expert-élu[22], dépassant parfois la limite temporelle du projet unique. En revanche, les membres du second groupe, constitué en majorité par des experts issus de bureaux d'études privés, outrepassent ce rôle et cherchent à influencer la prise de décision. Dans les discours, cette quête de pouvoir est présentée, non pas comme la recherche d'un intérêt personnel, mais comme celle de l'intérêt public, prérogative *a priori* réservée aux élus. Les individus en question se considèrent ainsi comme plus aptes à proposer des choix judicieux, en tentant de « bousculer un peu les élus »[23].

En tant qu'appui à la décision, les techniciens et experts n'ont officiellement aucun pouvoir décisionnaire, n'étant pas soumis au processus électoral. Pourtant, que ce soit en raison de leur omniprésence ou d'une réappropriation de leur rôle, ceux-ci exercent une influence de premier ordre. Lorsque la fonction d'aide à la décision est respectée, il n'existe que peu de remise en cause des recommandations et préconisations du technicien. Et lorsque l'expert, comme c'est le cas au sein du second groupe, s'approprie son rôle selon des valeurs personnelles ; il est en mesure d'orienter la prise de décision de laquelle il est *a priori* exclu. La prégnance des experts et techniciens se reflète dans la façon d'aborder la thématique biodiversité de l'aménagement, notion qui traduit un angle d'approche spécifique de la nature en ville, tel que nous allons le voir.

La biodiversité urbaine : un concept reflet de la technicisation de l'environnement

Entendue comme un objet institutionnel (Micoud 2005), la diversité biologique, en tant qu'enjeu politique et social, fait l'objet d'un accaparement de la part des experts et scientifiques. L'essor des différentes méthodes d'évaluation de la biodiversité *via* des espèces indicatrices[24] par exemple, conduit à une véritable *quantophrénie*. Ce phénomène est particulièrement explicite dans les documents-cadres du projet de l'Union, en particulier dans le *Référentiel dynamique du développement durable* (RDDD), sorte de charte du caractère durable de cet éco-quartier.

Ce document est édité en 2009 par un bureau d'étude, assistant à maîtrise d'ouvrage et spécialisé dans le développement durable, en collaboration avec les différents acteurs du projet. Il est d'un objectif à la fois conceptuel et opérationnel. Dans son élaboration et son contenu, le RDDD représente presque un idéal-type de la place de l'expertise dans le projet d'aménagement. Le mode de gestion de la biodiversité qui y est défini est basé sur la rationalisation des procédés, et semble impliquer en grande partie une tentative de définition d'une nature quantifiée et quantifiable. Il s'agit par exemple d'utiliser 95% d'essences locales, ou encore de respecter un coefficient d'emprise végétal de 0,8[25]. Au sein du RDDD, sont développées des préconisations employant le nombre et visant la précision. Ce référentiel tend donc à définir un certain niveau de nature – naturalité par des objectifs chiffrés, soit un certain *ratio* par m².

Au-delà du seul cas du programme de l'Union, le succès du concept de biodiversité auprès des pouvoirs publics semble pleinement s'intégrer à un processus plus large de rationalisation de l'action publique, qui constitue un facteur de légitimation de celle-ci. Dans ce cadre, le concept de biodiversité, et plus spécifiquement les mesures, évaluations et diagnostics qui lui sont associés, sont particulièrement opérants, puisqu'ils s'inscrivent dans une dynamique de quantification. Ainsi, la biodiversité devient la mesure évaluant l'efficacité des dispositifs publics en matière de réintroduction d'éléments naturels en milieu urbain. Il ne s'agit alors plus uniquement de percevoir la nature en ville, mais d'objectiver le concept en mesurant un certain *degré de naturalité* de l'espace urbain. L'usage de la notion de biodiversité au sein de la politique locale et de l'aménagement reflète l'accaparement par la sphère technique de la thématique nature en ville, qui se rattache à un processus plus large d'institutionnalisation de la question environnementale.

Cette tendance est décrite par Chantal Aspe et Marie Jacqué comme relevant de la « technicisation » (Aspe et Jacqué 2012). Pour ces deux auteures, l'institutionnalisation de l'environnement se traduit par deux processus conjoints : l'avènement d'une gestion technique de celui-ci impliquant que seuls les acteurs bénéficiant d'une légitimité technique sont reconnus aptes à se saisir de la question; une tendance à l'individualisation des responsabilités anthropiques vis-à-vis de la crise environnementale. Dans ce contexte normatif, c'est avant tout une action personnelle dépolitisée, routinière, qui permettrait d'enrayer le phénomène[26]. Or, nous estimons que cette appréhension techniciste de l'environnement se repère en partie à l'intrusion de la notion de biodiversité dans la sphère politique et institutionnelle. Ce double processus d'atomisation des engagements en faveur de l'environnement, puis de technicisation, conduit ainsi à ce que les auteures qualifient de « dépolitisation de la question environnementale »[27] (*Ibid*).

Dans ce cadre, la technicisation de l'action publique permet d'extraire partiellement la décision du cadre politique (Robert 2005). Ce phénomène conduit à poser la question des modes de mobilisation, et à s'interroger sur les façons d'investir la thématique biodiversité, mises en œuvre par les acteurs non-institutionnels. Puisque la contestation ne peut plus se former sur un plan politique, ou plus uniquement, il convient de mettre en évidence ses nouvelles manifestations.

Expertises profanes : entre contre-expertise technique et rapport sensible au territoire

La monopolisation technicienne et experte met en cause la légitimité d'autres groupes sociaux à intervenir sur les thématiques de la biodiversité et de la nature en contexte urbain. Au sein de la sociologie, cette problématique est fréquemment abordée par le biais des rapports entre experts et profanes. Nous partirons de cette distinction pour en souligner les limites sur un plan analytique.

Reconnaissance d'une « expertise d'usage » et maintien d'une non-équivalence entre savoirs profanes et savoirs objectifs

Face aux experts, il est courant de décrire des postures profanes. Une part importante de la littérature académique est précisément consacrée aux rapports entre les deux types de savoir qui en découlent[28]. L'une des problématiques centrale est alors celle des processus de légitimation de ces savoirs locaux : leur cadre de formulation, mais également les modalités de leur prise en compte.

Les sujets experts sont considérés comme tels car ils sont les dépositaires d'un capital de connaissances jugées suffisantes pour faire autorité dans un domaine déterminé, tandis que les sujets dits profanes sont envisagés comme limités dans leurs connaissances et compétences. Étant identifiés de la sorte, il devient impossible pour eux de se positionner sur des questions qui sont supposées dépasser leur savoir, alors même que les décisions les concernent au premier chef, notamment lorsqu'elles ont une incidence sur leur cadre de vie.

Les récentes et nombreuses initiatives en faveur d'une démocratie locale et participative ont contribué à redéfinir la place du profane[29], en mettant progressivement en avant un « savoir expérientiel » (Grimaldi 2010). Il devient désormais possible, et même souhaitable pour le profane de se faire entendre. Selon cette approche, l'expérience vécue et la connaissance du local lui donnerait des compétences, que l'expert, non-inscrit sur le territoire, ne maitriserait pas. Il s'agit là de reconnaître une « expertise d'usage » (Blondiaux 2008).

Pour Jean-Yves Trepos, le recours à l'expertise s'inscrit avant tout dans un renouvellement des formes de légitimation de l'action publique (Trepos 1996). Inspirés par ce dernier et Sybille Van den Hove, Céline Granjou et ses coauteurs appliquent la précédente analyse au cas de l'expertise non-institutionnelle : intégrer les avis locaux, dans un contexte de contestation partielle de l'activité d'expertise procure un « gain d'indiscutatibilité » (Granjou et collaborateurs 2010). La démocratie locale et participative devient une nouvelle forme de justification des décisions. La prise en compte de «la parole des habitants », qu'elle représente un outil de communication ou qu'elle induise une réelle inflexion de la politique locale, permet de délégitimer les éventuelles contestations riveraines. Ce phénomène peut s'illustrer de différentes manières ; ainsi, la participation peut constituer une « machine à éradiquer le conflit » ; une « manipulation » ou encore un « simulacre » (Blondiaux 2007)[30].

Outre la minoration consciente ou inconsciente de ces savoirs locaux partiellement reconnus, reste que se maintient une non-équivalence : considérés comme issus de l'expérience individuelle et par extension subjectifs, les savoirs d'habitants ou d'usagers ne bénéficient pas de la même reconnaissance que les savoirs experts, qui continuent de conditionner pour une large part les politiques publiques locales. À titre d'exemple, la posture de certains sociologues continue à alimenter cette dichotomie : certains peuvent être qualifiés « d'experts en savoirs profanes »[31]. La multiplication du recours au sociologue dans le champ de l'expertise souligne indiscutablement le maintien d'une iniquité tacite entre les types de savoirs. Les sciences sociales deviennent les traductrices de la connaissance locale en savoir expert. Cette impossibilité de penser l'intégration des expériences locales sans retraduction, invalide en partie l'idée d'une démocratie directe, sans médiation par un corps expert.

Or, les tendances analysées au sein du projet de l'Union, concernant notamment la posture des différents groupes de sujets dits profanes, sont diverses et nous conduisent à limiter la portée de la distinction expert – profane.

La contre-expertise associative

L'enquête menée sur le programme de reconversion du site de l'Union a mis en évidence deux types de stratégies mises en œuvre par des groupements associatifs. Celles-ci révèlent d'abord que l'investissement de ces groupes ne se limite pas aux dispositifs de participation institués, mais déborde leur cadre. Ensuite, ces stratégies éclairent les représentations sociales de la nature en milieu urbain.

La première tendance consiste en l'élaboration d'une forme de contre-expertise associative. La majorité des associations concernées par le projet, se constituent en collectif (« Le Collectif de l'Union »), et tentent de faire valoir leur point de vue en soumettant à la société d'économie mixte en charge de la maîtrise d'ouvrage des « propositions complémentaires au schéma directeur »[32], qui respectent l'ensemble des critères techniques de faisabilité, opérationnels, financiers, d'une opération d'aménagement urbain[33].

Se dotant d'une aide technique par le biais d'un architecte-urbaniste, les différents membres du Collectif travaillent durant plusieurs mois à un projet qui serait porté par les riverains. Ce processus concerne l'ensemble de la thématique urbaine de l'aménagement, en étant décliné sur huit propositions générales. Elles ciblent en premier lieu les rapports du projet au tissu urbain existant : il s'agit par exemple de « désenclaver le site, intégrer l'Union dans un plan d'ensemble ». L'attention est également portée à l'appropriation du projet par les riverains, relativement peu investis dans la démarche institutionnelle de concertation. Enfin, il est question, à travers plusieurs propositions, d'adopter un mode constructif inspiré de modalités d'habitat écologique. La question de la biodiversité est sous-jacente aux thématiques abordées, mais finalement assez peu explicitée.

Il faut signaler que le collectif de l'Union est en grande partie animé par l'Université populaire et citoyenne de Roubaix (UPC), association à vocation d'éducation populaire. Cet aspect est déterminant pour comprendre la dynamique implicite à la conception des propositions émanant des associations dont il est ici question. L'un des objectifs généraux de l'UPC consiste à former les riverains aux enjeux sociaux des politiques locales. Cette volonté trouve sa traduction dans les propositions complémentaires décrites ci-dessus. Cette initiative repose sur la philosophie d'une formation des habitants, qui ne vise pas leur professionnalisation, mais cible assurément la montée en compétence d'individus peu ou non investis dans la vie politique locale. Ces objectifs sont particulièrement explicites dans la citation suivante, extraite du texte de présentation du Collectif :

> *« Animé par l'Université Populaire et Citoyenne, le collectif de l'Union contribue aux actions d'éducation populaire de l'association. (...) Le collectif de l'Union constitue ainsi un espace d'initiatives citoyennes locales où l'expertise et la participation par les projets sont les leviers d'un nouveau mode de solidarité urbaine. (Il a pour objectif) de produire et définir des expertises sur le projet d'écoquartier. »*[34]

Ces modalités de mobilisation et de légitimation de la parole des habitants reposent sur l'argument qu'il faut être capable de participer aux débats techniques, en maîtrisant un minimum ses référents. La logique pourrait être résumée ainsi : puisque les dispositifs de démocratie locale sont insatisfaisants, il est indispensable de se doter des compétences et des éléments de langage adéquats pour tenter d'investir les processus de décisions.

Faire valoir une approche sensible et l'expérience vécue du territoire

Parallèlement, d'autres associations et groupements citoyens tentent d'imposer une approche différente. Il n'est plus uniquement question de contre-expertise, mais d'un positionnement alternatif. Plutôt que de « jouer » sur le terrain des experts, la stratégie consiste à déplacer la focale. C'est le cas de l'association *Astuces.*

Contre une approche techniciste de la biodiversité urbaine sont formulées des injonctions à une sorte de *sobriété technique*[35]. Plutôt que de proposer des solutions techniques coûteuses, ces associatifs tentent de mettre l'accent sur une gestion simplifiée de la biodiversité, qui doit avant tout être appropriée ; autrement dit pensée par et pour les habitants. Le paradigme semble donc évoluer. La tentative d'autolégitimation ne se conçoit plus grâce à la formulation d'une contre-expertise, mais à l'inverse d'une gestion amoindrie de la biodiversité, en employant les domaines du sensible et de l'*affect* comme arguments.

Les discours recueillis à propos de plusieurs sites de l'Union en sont révélateurs. En particulier, le peignage de la Tossée[36] qui abrite une friche prairiale au centre de son enceinte est cité à plusieurs reprises dans les interviews. Il s'agit alors de qualifier cet espace qui a vu se développer une flore spontanée par des termes mélioratifs. Un interviewé ira jusqu'à décrire son ambiance comme étant « magique ». Ces précédents propos sont enchevêtrés à des descriptions du passé industriel du site. Ils juxtaposent ainsi des considérations sur le patrimoine industriel de l'Union à des réflexions sur la reconquête des friches par le végétal. Ces propos démontrent l'imbrication des discours sur la biodiversité à une expérience personnelle du territoire, une double logique discursive qui se traduit dans les doléances de ces acteurs, consistant notamment en la préservation d'espaces libres, non-aménagés.

L'expérience vécue des usagers et habitants de l'Union est érigée en valeur maîtresse par les acteurs associatifs précédemment évoqués. Les questions de fonctionnalité écologique restent sous-jacentes ; en revanche, elles ne constituent plus le noyau de l'argumentaire. Les écrits de Jacques Lolive sont particulièrement éclairants pour la qualification de ce phénomène :

> *« Les mobilisations riveraines revendiquent leur ancrage local, mêlent des arguments rationnels et des émotions publiques (...) Les attachements de proximité soutiennent des implications personnelles fortes et leur mise en péril suscite une émotion intense. Elles peuvent être investies dans un engagement politique ou un mouvement social. Ces «politiques du proche» (Thévenot 2006) tentent de composer un collectif politique sans utiliser les registres de la modernité : fabriquer un intérêt général ; privilégier la rationalité scientifique; s'émanciper des attaches locales et de la nature; évacuer les émotions. Ainsi, les politiques d'aménagement font l'objet de contestations de ce type lorsqu'elles menacent des territoires de vie du riverain qui sera éventuellement stigmatisé comme nimbyste. C'est un véritable contre-référentiel qui se dessine alors et qui bloque l'action des aménageurs basée sur la rationalité technique. » (Lolive 2013, p.4-5)*

Ceci semble traduire l'apparition d'un nouveau registre discursif, l'argumentation reposant désormais sur cette double posture, en partie contradictoire, de justification par arguments techniques et contre cette même technicisation.

Ces stratégies différenciées visant à investir la thématique de la biodiversité ont en commun de questionner le caractère démocratique de la prise de décision dans l'aménagement. C'est notamment le cas lorsqu'il s'agit de définir les modalités techniques visant à réintroduire une nature essentiellement définie par la maîtrise d'ouvrage du projet. Que les associatifs fassent valoir leur contre-expertise ou utilisent un rapport émotionnel au territoire comme argument, il semble que se consolide une opposition entre expert et profane. Cependant, une analyse approfondie révèle les limites du précédent couple conceptuel. Différentes dimensions communes aux deux groupes émergent, au premier rang desquelles une approche fonctionnaliste de la nature.

Pour un dépassement de l'opposition entre expert et profane : concilier l'approche technique du projet urbain et le rapport sensible au territoire ?

Les travaux en sciences sociales mettent communément l'accent sur les divergences entre le groupe des experts et des profanes. Alors que le premier serait caractérisé par une approche technique de la nature via la notion de biodiversité et ses critères objectifs, le second tenterait majoritairement de faire valoir un rapport sensible, perçu comme subjectif, à un territoire vécu et ses éléments de nature. Pourtant, si des représentations différentes se manifestent effectivement[37] – l'une basée sur une approche rationaliste et l'autre sur une acception émotionnelle – se contenter de ce constat aboutie à une analyse parcellaire. Les divergences sont réelles, mais des éléments partagés nous conduisent à nuancer l'opposition entre experts et profanes.

Des dimensions communes aux experts et aux profanes : réciprocité des modes de légitimation et approche utilitariste de la nature

Il n'est pas question ici de réifier ces groupes, à la fois car leurs frontières sont relativement instables, mais également parce qu'ils représentent des sources de légitimation réciproques. Il est possible d'assister tout à tour à une légitimation technique produite par les associations via une forme de contre-expertise ; une justification de l'investissement scientifique par sa « pertinence sociale » (Granjou 2013) ; une argumentation de l'expertise via l'objectivité scientifique de ses méthodes.

De plus, la frontière démarquant les deux groupes est poreuse, comme le démontre la mobilité d'individus qui occupent ces statuts différemment dans le temps. À ce sujet, nombre de travaux prennent pour objet les « carrières » de scientifiques devenant parfois des experts, et plus ponctuellement des militants associatifs. L'histoire même des mobilisations environnementales est contingente de l'engagement de certains scientifiques (Aspe et Jacqué 2012). Les individus en question peuvent donc transiter d'un groupe à l'autre[38].

Enfin, une analyse affinée du matériau révèle qu'un paradigme transgresse les frontières entre expert et profane : les représentations de la nature sont partagées, puisqu'elles s'inscrivent toutes dans une approche utilitariste (Larrère et Larrère 2009). L'espace naturel semble n'être perçu en tant que tel qu'en relation avec l'usage ou non usage qui en est fait. Au sein du projet, la nature semble invariablement répondre à un objectif précis. À titre d'illustration, le parc prévu dans le cadre du réaménagement du site de l'Union[39] est toujours évoqué selon un lexique de la fonctionnalité. L'espace est séparé en zones aux vocations différentes : récréative, contemplative, espace-ressource pour la biodiversité. Sa conception s'organise autour de la potentialité d'usages qu'il accueillera[40].

Au-delà du seul projet de réaménagement de l'Union, l'émergence du concept de services écosystémiques, nommés également « services rendus par la biodiversité », est révélatrice de la prévalence d'une approche fonctionnaliste. L'utilisation croissante de la notion de services écosystémiques en milieu urbain[41] renforce l'hypothèse que les éléments de nature sont définis selon l'usage ou non-usage qui en est fait, à partir d'une perspective anthropocentrée : la nature en contexte urbain remplit de manière systématique une fonction dévolue aux populations humaines environnantes. L'usage est maître, cela même lorsqu'il n'aboutit pas à une exploitation matérielle concrète impliquant l'extraction de matériaux. Entre autres exemples, la conceptualisation des services écosystémiques culturels est l'occasion de redéfinir le paysage comme un bien, une ressource, certes visuelle et sensorielle, mais une ressource tout de même[42].

Il semble que l'environnement soit avant tout perçu selon ses usages présents et potentiels, à travers une vision fonctionnaliste. *A priori,* l'idée de « valeur intrinsèque de l'environnement », et d'une éthique renouvelée, qu'elle soit biocentrée, ou écocentrée (Callicott 2010) semble inopérante, ou du moins ne fait pas partie des préoccupations centrales des groupes enquêtés. L'utilitarisme trouve ses origines dans la formation ontologique occidentale, ce que nous allons à présent tâcher de démontrer.

Des représentations partagées et fondées sur un socle commun : l'ontologie naturaliste

Le rapport utilitariste décrit plus haut puise certains de ses fondements dans l'ontologie naturaliste occidentale (Descola 2005). Selon Philippe Descola, la structuration des sciences, tant du point de vue de la théorisation que de la *praxis,* repose sur une opposition entre naturel et culturel (Descola 2011). D'ailleurs, ce constat peut être étendu à l'ensemble de la représentation occidentale du monde. Ce type de conception marque profondément l'ensemble des sciences modernes occidentales et représente même pour l'auteur une condition *sine qua non* de l'émergence de la pensée scientifique moderne. À ce sujet, l'anthropologue cite Maurice Merleau-Ponty : « *Ce ne sont pas les découvertes scientifiques qui ont provoqué le changement de l'idée de Nature. C'est le changement de l'idée de Nature qui a permis ces découvertes* » (Merleau-Ponty 1994, cité par Descola 2005, p. 106). L'organisation des sciences occidentales est tributaire du dualisme nature-culture, en ce qu'elle est partitionnée selon ces deux objets. L'anthropologie elle-même s'est retrouvée scindée entre partisans du déterminisme environnemental décrivant l'organisation sociale comme une adaptation aux contraintes du milieu, et défenseurs de la primauté d'une construction cognitive du monde naturel par les sociétés humaines.

L'expertise, y compris lorsqu'elle vise la formulation de préconisations techniques, repose sur un modèle scientifique[43] : elle se légitime par l'objectivité, et emprunte à la science nombre de ses méthodes, bien que l'objectif soit alors plus opérationnel. Nous pouvons donc postuler que l'ontologie naturaliste, qui impacte l'organisation de la science académique et sa pratique, conditionne également en partie l'activité d'expertise. La dichotomie entre sciences naturelles et sciences humaines se traduit à travers une différenciation des objets de l'expertise. Affaires humaines et culturelles y sont donc distinguées des affaires naturelles ou physiques. Cette dualité de vocation est clairement perceptible dans l'organisation du projet : le groupe de travail « Biodiversité » du programme urbain analysé ici est pensé de façon indépendante, et participe ainsi de cette autonomisation du champ du naturel.

Par ailleurs, la cosmologie naturaliste oriente également les représentations des experts eux-mêmes. L'opposition perceptive la plus évidente réside dans les propos recueillis au cours des entretiens. Dans leur déroulement est abordée la question des parcs urbains et de la possibilité de les catégoriser comme des espaces naturels. Deux types de réponses se démarquent : les premières excluent totalement cette possibilité, les deux termes d'urbain et de naturel étant alors clairement antinomiques, alors que les secondes, majoritairement représentées, soutiennent qu'un parc peut bénéficier d'un caractère naturel, mais sous certaines conditions d'usage et de gestion[44].

Ces considérations valent plus largement pour l'ensemble des enquêtés, y compris pour les individus appartenant aux mouvements associatifs. Les deux groupes identifiés s'accordent sur une grande tendance : pour qu'un lieu ou un espace soit perçu comme naturel, il doit être dépourvu de caractéristiques humaines, ou au moins en fournir l'illusion. Ce constat dépasse le contexte des seuls parcs urbains : la présence d'espaces perçus comme naturels en ville est envisageable, à condition que l'influence de l'homme y soit imperceptible. C'est le caractère *spontané* du développement d'une faune et d'une flore qui constitue le caractère discriminant : ainsi, si la recolonisation d'espaces par des non-humains se fait sans influence anthropique, ces quelques éléments acquièrent *ipso facto* les caractéristiques du sauvage, et donc du naturel. Dans d'autres cas, lorsque l'influence anthropique est plus aisément identifiable, qualifier un espace de « naturel » s'avère plus complexe. Les enquêtés décrivent alors une forme de «sauvage-artifice»[45], sorte d'ersatz de la « véritable nature »[46]. À ce sujet, les discours tenus à propos des zones en friche, réinvesties par une faune et une flore spontanées, recouvrent une autre signification que l'inscription spatiale d'un rapport sensible au territoire, telle que nous la décrivions plus haut. Des interviewés mettent en comparaison ces espaces, avec les futurs aménagements du projet. Ces derniers font l'objet de représentations dépréciatives, en ce qu'ils remettraient en cause les véritables éléments de nature s'étant installés de façon autonome.

Finalement, la porosité des frontières entre expert et profane, la mobilité des individus qui composent ces groupes, mais surtout le caractère commun du fondement des représentations de la nature, démontrent que la valeur heuristique du couple expert – profane est limitée. Partagée par ces deux groupes, l'ontologie naturaliste semble par ailleurs se heurter à la diffusion des pratiques de conservation et à la multiplication des tentatives de réintroduction de la nature en ville.

De la gestion de la nature :
le paradoxe du naturalisme

Les représentations sociales de la nature, qui reposent sur une approche naturaliste, semblent parfois paradoxales. Un même individu peut tenir des propos antagoniques au cours de la même discussion, allant parfois même jusqu'à expliciter cette contradiction. L'extrait d'entretien suivant est particulièrement éclairant à ce sujet. Précédemment à ces propos, cet interviewé tenait un discours relativement étayé sur l'importance de la biodiversité urbaine, en tant qu'elle serait productrice d'aménités et constituerait un levier d'action face au changement climatique :

> « *En fait... je pense que je suis vraiment complètement déconnectée... en fait, malheureusement, je pense que je suis un peu comme tout un chacun, j'ai une représentation de la nature qui..., voilà, je pense aux félins, à l'éléphant,..., c'est les images que j'ai en tête (...) et du coup c'est vrai que je me représente pas vraiment la nature en Nord-Pas de Calais* » [47].

En réalité, les difficultés à réintroduire certaines formes de nature en contexte urbain tiennent en grande partie à un paradoxe du naturalisme, à la fois résultat et cause de l'émergence d'une « crise environnementale ». Le développement de sciences telles que l'écologie de la conservation et de pratiques de gestion de la biodiversité est confronté à une conception de la nature en tant qu'elle est par définition « inhumaine ». Dès lors, les dispositifs de renaturation – réintroduction d'espèces disparues, préservation d'écosystèmes singuliers,... – consacrent l'activité transformatrice de l'Homme qui fait *de facto* pénétrer dans son champ ontologique sa production, cette dernière perdant alors tout caractère constitutif d'un élément naturel. Cette appréhension, construite progressivement à partir du XVIIème siècle (Descola 2005) et entérinée à l'avènement de la modernité (Latour 1991)[48], est à présent remise en cause par les divers mouvements de conservation ou de réintroduction de la biodiversité, dont l'objet est précisément de produire la naturalité. La problématique ontologique peut être résumée en ces termes, à l'apparence paradoxale : entre légitimation de l'action publique, par l'expertise et ses référents techniques, et injonction à une approche plus sensible de l'espace, comment penser la gestion d'une nature désormais urbaine ?

Conclusion

La forte représentation d'une sphère technique dans les dispositifs de conception de l'aménagement urbain conduit à privilégier une approche rationaliste de la thématique nature, en accordant le primat au concept de biodiversité. L'usage de ce dernier s'inscrit nettement dans un processus d'objectivation de l'action publique reposant sur le recours à l'expertise. Les groupes d'experts, qu'ils soient intégrés ou non aux institutions politiques locales, participent à ce processus de technicisation dans le cadre de leurs missions.

Ce constat nous a conduits à analyser les actions de groupes associatifs visant à investir la question de la nature en contexte d'aménagement urbain, alors même que ne bénéficiant pas d'une légitimité technique, ils sont considérés peu aptes à le faire. Les stratégies qu'ils déploient pour pénétrer les processus décisionnels s'inscrivent à la fois dans une professionnalisation de leurs pratiques par la formulation d'une contre-expertise, et dans une tentative d'autolégitimation de leur parole par un recours à une expérience sensible du territoire.

Outre les questions de légitimité à prendre part aux processus décisionnels, les groupes d'experts professionnels et d'usagers-experts semblent de prime abord s'opposer également sur leur représentation des problèmes posés par la volonté de réintroduire la biodiversité en milieu urbain, qui serait directement héritée de leur rôle dans l'aménagement. Les premiers défendraient une approche objective et fonctionnaliste, quand les seconds ne verraient la nature que par un prisme émotionnel et subjectif. Or, si les deux conceptions – biodiversité fonctionnelle et nature sensible – sont identifiables, elles ne peuvent être attribuées exclusivement à l'un ou l'autre groupe. Ceci nous amène à relativiser l'opposition expert-profane, une opposition institutionnelle, politique, mais également analytique. Il nous semble en effet que certains travaux en sciences sociales ont contribué à fonder *physykè* ces catégories.

L'acception de la nature, que ce soit chez les experts professionnels ou les usagers-experts, se constitue sur le modèle de l'ontologie naturaliste tel que formulé par Philippe Descola, nature et culture se définissant par exclusion mutuelle. Les propos recueillis lors des entretiens démontrent qu'une dimension reste absolument essentielle pour pouvoir parler de nature : sa spontanéité. Pour que certains espaces soient catégorisés comme naturels, ils doivent se constituer de manière autonome, sans influence anthropique directe et visible. C'est dans ce cadre que les discours sur les friches doivent être analysés.

La crise de la biodiversité telle qu'elle est pensée actuellement, notamment dans le champ politique, est quelque peu réductrice. En se cantonnant aux dynamiques écologiques et écosystémiques, une dimension essentielle est omise : celle de l'évolution conjointe des sociétés et de leur environnement. La caractérisation de notre temporalité comme étant en crise fait évidemment référence à des processus concrets, à une érosion des populations non-humaines et de la diversité du vivant, mais elle appelle également à considérer les évolutions sociétales ayant permis l'émergence de cette notion de crise. La remise en cause progressive de la figure traditionnelle de l'expert dénote une évolution collective du rapport à la nature.

Il semble donc plus pertinent d'évoquer une pluralité de crises en raison des multiples conceptions de la notion de biodiversité, réalité observable et simultanément construction sociale : en premier lieu une crise de la fonctionnalité écologique, des capacités de reproduction et de la pérennité de la biodiversité, alors entendue dans sa dimension écosystémique, et en second lieu, une crise des rapports à la nature et des usages sociaux de la biodiversité.

Cette double crise de la biodiversité, contrairement à l'hypothèse initiale, ne résulte donc pas uniquement d'un conflit de représentations entre groupes experts et profanes, mais également des fondements de la notion occidentale de nature qui empêche par définition sa gestion. Des recherches approfondies devront le préciser, mais nous pouvons supposer que ces paradoxes sont révélateurs d'une mutation progressive de l'ontologie naturaliste, une évolution probablement indispensable pour enrayer la crise environnementale, si tant est que ce soit là notre objectif commun.

Bibliographie

Aspe Chantal et Jacqué Marie — 2012, *Environnement et société. Une analyse sociologique de la question environnementale,* Paris : Éditions de la MSH, Éditions Quæ.

Barbier Marc, Cauchard Lionel, Joly Pierre-Benoît, Paradeise Catherine et Vinck Dominique — 2013, «Pour une approche pragmatique, écologique et politique de l'expertise.», *Revue d'anthropologie des connaissances,* 7 (1) : 1-23.

Berque Augustin — 1997, *Le sauvage et l'artifice, les japonais devant la nature*, Paris : Gallimard.

Berque Augustin — 2010, « Le sauvage construit », *Ethnologie française* Octobre 2010/4 : 589-595.

Blondel Jacques — 2005, « Biodiversité et sciences de la nature. », in : P. Marty, F.-D. Vivien, J. Lepart, R. Larrère (eds), *Les biodiversités, objets, théories, pratique.* Paris : CNRS Éditions.

Blondiaux Loïc — 2007, « La démocratie participative, sous conditions et malgré tout. Un plaidoyer paradoxal en faveur de l'innovation démocratique », *Mouvements*, 2007/2 (50) : 118-129.

Blondiaux Loïc — 2008, *Le nouvel esprit de la démocratie. Actualité de la démocratie participative.* Paris : Éditions du Seuil.

Bonnin Philippe et Clavel Maïté — 2010, « Quand la nature s'urbanise », *Ethnologie française*, Octobre/4 : 581-588.

Boutry Vincent, teM — 2011, « De l'Alma-Gare à l'Union, vers un éco-quartier exemplaire ? », *Cahiers de l'UPC*, 30.

Cadiou Stéphane — 2006, « Savoir et action publique : un mariage de raison ? L'expertise en chantier », *La documentation française. Horizons stratégiques*, 1 (1) : 112-124.

Callicott John. B. — 2010, *Éthique de la terre,* France : Wildproject.

Collectif — 2010, Plan « restaurer et valoriser la nature en ville », ministère de l'Écologie, du Développement durable et de l'Énergie.

Cottet Marylise, Rivière-Honegger Anne et Piegay Hervé — 2010, « Mieux comprendre la perception des paysages de bras morts en vue d'une restauration écologique : quels sont les liens entre les qualités esthétique et écologique perçues par les acteurs ? », *Norois* 216 : 85-103.

Descola Philippe — 2004, «Le sauvage et le domestique», *Communications* 76 : 17 –39.

Descola Philippe — 2005, *Par-delà Nature et Culture.* Paris : Gallimard.

Descola Philippe — 2011, *L'écologie des autres. L'anthropologie et la question de la nature.* Paris : Éditions Quæ, Collection Sciences en questions.

Estienne Isabelle et Gaudefroy Gilles — 2008, « Genèse d'un pôle d'excellence métropolitain : projet urbain de la Zone de l'Union à Roubaix, Tourcoing et Wattrelos (Extrait du thème 2 : le renouvellement urbain des quartiers complexes) », POPSU.

Gaudin Jean-Pierre — 1999, Gouverner *par contrat. L'action publique en question.* Paris : Presses de Science Po.

Granjou Céline, Mauz Isabelle et Causson Arnaud — 2010, « Le recours aux savoirs dans l'action publique environnementale : un foisonnement expérimental », *Sciences de la société* 79 : 115-129.

Granjou Céline, Mauz Isabelle et Michel Daccache — 2013, « Les conditions de l'articulation entre recherche et expertise. Le cas des recherches sur la biodiversité », *Revue d'anthropologie des connaissances*, 7 (1) : 67-86. http://www.cairn.info/zen.php?ID_ARTICLE=RAC_018_0067, consulté le 5 janvier 2015

Grimaldi André — 2010, « Les différents habits de l'« expert profane » », *Les Tribunes de la santé* 27 : 91-100.

Hatzfeld Hélène — 1986, « Municipalités socialistes et associations. Roubaix : le conflit de l'Alma-Gare ». *Revue française de science politique* 3 : 374-392.

Larrère Catherine et Larrère Raphaël — 2009, *Du bon usage de la nature. Pour une philosophie de l'environnement.* Paris : Flammarion.

Latour Bruno — 1997[1991], *Nous n'avons jamais été modernes. Essai d'anthropologie symétrique*. Paris : La découverte.

Leroy David — 2007, *Institutionnalisation du mode projet en France*, LEM, Paris. http://archives-fig-st-die.cndp.fr/actes/actes_99/index.htm

Lille Métropole Communauté Urbaine — 2006, « Agenda 21 Lille Métropole », http://www.lillemetropole.fr/

Lille Métropole Communauté Urbaine — 2010, « Charte des éco-quartiers de Lille Métropole Communauté urbaine », http://www.lillemetropole.fr/

Lolive Jacques — 2013, « Quand les artistes collaborent avec les mouvements de riverains. Propositions pour une esthétique participative. », *in :* G. Mercier, S. Paquet (eds), *Le paysage, entre art et politique*. Québec : Presses Université Laval, Collection Géographies.

Merleau-Ponty Maurice — 1994, *La Nature. Notes et cours au Collège de France*. Paris : Éditions du Seuil.

Micoud André — 2005, « Comment, en sociologue, tenter de rendre compte de l'émergence du terme de la *biodiversité* », *in :* P. Marty, F-D. Vivien, J. Lepart et R. Larrère (eds), *Les biodiversités. Objets, théories, pratiques*. Paris : CNRS Éditions.

Millennium Ecosystem Assessment — 2005, *Ecosystems and Human Well-being: Synthesis*. Washington DC: Island Press.

Nez Héloïse — 2011 « Nature et légitimités des savoirs citoyens dans l'urbanisme participatif », *Sociologie*, 4, (2), 2011, en ligne, consulté le 28 avril 2015, http://sociologie.revues.org/1098

Nonjon Magali — 2006, *Quand la démocratie se professionnalise… Enquête sur les experts de la participation,* Thèse de doctorat, Université Lille 2.

Rankovic Aleksandar, Pacteau Chantal et Abbadie Luc — 2012, « Services écosystémiques et adaptation urbaine interscalaire au changement climatique : un essai d'articulation », *VertigO - la revue électronique en sciences de l'environnement*, Hors-série 12, mai 2012, en ligne, consulté le 30 avril 2015, http://vertigo.revues.org/11851

Robert Cécile — 2005, « Les incertitudes sont-elles solubles dans l'expertise ? Du recours de la Commission européenne à l'expertise extérieure », *in :* L. Dumoulin, S. La Branche, C. Robert et P. Warin (eds), *Le recours aux experts. Raisons et usages politiques.* Grenoble : Presses universitaires de Grenoble.

Roqueplo Philippe — 1997, *Entre savoir et décision : L'expertise scientifique.* Paris : Éditions de l'INRA.

Roussel Bernard — 2005, « Savoirs locaux et conservation de la biodiversité : renforcer la représentation des communautés », *Mouvements* 41 : 82-88.

Rudolf Florence et Taverne Didier — 2012, « De la "ville-nature" à l'urbanité », *in* : Poirot-Delpech S., Raineau L. (eds), *Pour une socio-anthropologie de l'environnement. Tome 1, Par-delà le local et le global.* Paris : L'Harmattan.

Semal Luc, Szuba Mathilde et Villalba Bruno — 2014, « Sobriétés » (2010-2013) : une recherche interdisciplinaire sur l'institutionnalisation de politiques locales de sobriété énergétique », *Natures Sciences Sociétés* 4(22) : 351-358.

Société d'Économie Mixte Ville renouvelée — 2010, « Référentiel Dynamique de Développement Durable », en ligne, http://www.lunion.org/

Trepos Jean-Yves — 1996, *La sociologie de l'expertise.* Paris : PUF, collection « Que sais-je ».

Notes

[1] Pour une comparaison avec d'autres aires géographiques, voir par exemple Augustin Berque à propos de la place de la nature sur l'archipel nippon. La morphologie même des villes et leur histoire architecturale, notamment quant à l'emplacement des remparts protégeant les châteaux féodaux et non les cités entières, permettaient l'interpénétration d'éléments naturels et urbains (outre même les différences ontologiques à propos du rapport Homme / Nature propre au Japon) (Berque 2010).

[2] Le plan « restaurer et valoriser la nature en ville » est lancé le 9 novembre 2010 par Chantal Jouanno, alors secrétaire d'État chargée de l'écologie. Il est présenté comme la concrétisation de l'engagement 76 du Grenelle Environnement de novembre 2007 « restaurer la nature en ville et ses fonctions multiples ». Il représente une des quatre déclinaisons du plan « ville durable ».

[3] « Référentiel dynamique de développement durable », 2010, p.13.

Notes

[4] Les activités industrielles situées sur le territoire de l'Union ont entrainé diverses conséquences, notamment sur les plans sanitaire et humain : elles ont occasionné une importante pollution des sols (HAP, métaux lourds, hydrocarbures,...) ; les fermetures successives des usines ont également causé une désertion progressive du lieu par ses habitants, en raison d'un processus de désindustrialisation graduelle et de la disparition consécutive des emplois.

[5] Le site comprenait également une brasserie industrielle et des entreprises spécialisées dans la chimie et la sidérurgie.

[6] C'est dans cet objectif qu'a été conçue la tour Mercure au début de la décennie 1980. Le projet devait alors initier un processus de tertiarisation économique du territoire.

[7] Cette description ne rend pas compte de la complexité des projets et de leur succession. À ce sujet, une élue de Lille Métropole Communauté Urbaine confie au cours d'un entretien que l'on se trouve face à « 30 ans de non-projet ».

[8] Basés sur le modèle du *cluster*, ces pôles sont au nombre de cinq dans la métropole lilloise. L'objectif est d'y concentrer recherche universitaire et jeunes entreprises, par le biais de « pépinières » ou encore « d'incubateurs ».

[9] Depuis le 1er janvier 2015, Lille métropole communauté urbaine a été renommée Métropole européenne de Lille (MEL). Nous conserverons cependant la dénomination précédente, puisque l'enquête relatée ici s'est déroulée alors que l'intercommunalité était toujours désignée par l'acronyme LMCU.

[10] En grande partie en raison d'un agenda politique métropolitain favorable.

[11] « Agenda 21 Lille Métropole », 2006.

[12] Le prix est décerné par le ministère de l'Écologie, du Développement durable, des Transports et du Logement et a vocation à offrir une visibilité aux opérations jugées exemplaires en matière d'aménagement durable. Cette même année 2011, le Plateau de Haye (communauté urbaine du grand Nancy) est également désigné site lauréat du Grand prix.

[13] Le bilan global prévisionnel adopté par la métropole européenne de Lille en février 2015 (délibération n° 15C0059), porte l'investissement total à près de 290 millions d'euros hors taxes, dont environ 185 millions assumés par la métropole.

[14] Terme couramment utilisé pour désigner les vastes sites industriels historiques du Nord-Pas de Calais. Ce qualificatif tient tant à leur architecture imposante, qu'au patronat typique qui a pu s'y développer.

[15] C'est notamment le cas de l'îlot Stephenson. Initialement voué à la démolition, les habitants se sont rassemblés au sein d'une association, dénommée « Rase pas mon quartier », pour finalement obtenir le maintien de leur habitation. Les destructions ont été restreintes, et les logements restants réhabilités avec l'atelier d'architecture *Construire*.

[16] La ville de Roubaix est connue pour sa densité associative. Elle a parfois été le théâtre d'innovations en la matière, l'exemple de l'Atelier Populaire d'Urbanisme de l'Alma Gare (1973) étant probablement le plus médiatique. Pour plus d'informations, voir : Hatzfeld Hélène – 1986 « Municipalités socialistes et associations. Roubaix : le conflit de l'Alma-Gare ». *Revue française de science politique*, 36e année, n°3, pp. 374-392

[17] La maîtrise d'ouvrage fixe les objectifs du projet et lance l'appel d'offre. Dans ce cas, elle est constituée de la communauté urbaine lilloise et des trois municipalités concernées, qui mandatent la société d'économie mixte pour encadrer l'aménagement. Dans le cadre de l'assistance à maîtrise d'ouvrage, l'aménageur s'adjoint l'expertise de bureaux d'études

spécialisés sur une thématique précise (dans le cas de l'Union, voies urbaines, développement durable ou encore pollution). Quant à elle, la maîtrise d'œuvre est chargée de la conception technique et de l'exécution de l'aménagement.

[18] L'observation de ces différentes instances a été réalisée explicitement en tant qu'observateur, l'information ayant été communiquée aux différents participants des réunions et l'enquêteur n'ayant pas voix au chapitre.

[19] Le tableau recense les principaux dispositifs observés. Sauf mention contraire, les instances et manifestations sont ouvertes au public.

[20] Il faut ici préciser que leur rôle varie en fonction de la hiérarchie des instances, de l'animation des groupes de travail ou « points info », à la présentation des avancées du projet et de préconisations au sein du comité de pilotage.

[21] Qui se manifeste dans le cadre de l'aménagement urbain par la constitution d'une assistance à maîtrise d'ouvrage.

[22] À ce sujet, nous pouvons signaler que ces individus emploient de façon récurrente l'adjectif possessif « mon » pour qualifier la relation qu'ils entretiennent avec « leur élu ».

[23] Propos recueillis au cours d'un entretien, novembre 2011.

[24] Il s'agit de taxons biologiques spécifiques, jugés symptomatiques de l'état d'un écosystème, par exemple parce qu'ils sont particulièrement sensibles aux variations de leur milieu. Avec l'objectif de les recenser, le rapport d'expertise du groupe de travail biodiversité du projet de l'Union identifie ainsi différents types de mammifères, oiseaux, papillons ou encore amphibiens. Leur dénombrement permettrait de dresser un état des lieux de la diversité biologique du site d'aménagement.

[25] Ce coefficient est calculé selon le rapport entre superficie de la parcelle et surface végétalisée. Cette surface peut se situer au sol, mais également sur les façades et toitures des éléments bâtis. Par exemple, pour respecter un coefficient de 0,8, une parcelle de 500 m² devra comprendre au minimum 80% de surfaces végétalisées, soit 400 m². En revanche, ces 400 m² peuvent être répartis au sol comme sur les façades du bâti. En cela, le coefficient d'emprise végétal ne quantifie pas l'emprise au sol du végétal, mais sur toutes les surfaces disponibles.

[26] Les auteures font notamment référence aux campagnes de sensibilisations aux « bonnes pratiques quotidiennes », économes en ressources : restreindre l'usage de l'eau, éteindre les lumières, diminuer la température de l'habitation pour limiter la consommation d'énergie, etc. Un ensemble d'actes individuels renouvelés chaque jour.

[27] En comparaison aux grands mouvements écologistes des années 1970 notamment.

[28] Citons entre autres Agnès Fortier, Pierre Alphandéry, Béatrice Bonfils, Maud Simonet, ou encore Sandrine Garcia.

[29] Voir en particulier la *Convention sur la diversité biologique*, issue du Sommet de la Terre de Rio, en 1992. Pour une analyse de la place des savoirs naturalistes locaux dans les débats, voir : Roussel Bernard – 2005, « Savoirs locaux et conservation de la biodiversité : renforcer la représentation des communautés », *Mouvements* 4/ 2005 (n° 41) : 82-88.

[30] Précisons ici qu'il ne s'agit pas pour Loïc Blondiaux de formuler une critique unilatérale de la démocratie participative. Il propose au contraire un « plaidoyer contradictoire ».

[31] À ce sujet, voir par exemple : Nonjon, Magali – 2006, Quand la démocratie se professionnalise… Enquête sur les experts de la participation, Thèse, Lille 2.

Notes

[32] Boutry, Vincent, teM – 2011, « De l'Alma-Gare à l'Union, vers un éco-quartier exemplaire ? », Cahiers de l'UPC, n°30, février 2011.

[33] *Ibid.*

[34] Présentation visible sur le site Internet officiel de l'association. Accessible à l'adresse suivante :

http://collectif-union.org/spip.php?article5

[35] Ici, il ne faut pas confondre sobriété technique et énergétique. Alors que la dernière fait référence à une réduction des consommations d'énergie dans une perspective d'équité (contre les inégalités d'accès à l'énergie) (Semal et collaborateurs, 2014), la sobriété technique est une terminologie de l'auteur désignant une logique argumentative visant la simplification des dispositifs techniques en faveur de la biodiversité.

[36] Le peignage de la Tossée, situé au nord-est du périmètre de la zone d'aménagement (*cf.* carte), était l'un des principaux employeurs du secteur, accueillant jusqu'à 1200 ouvriers. La production de l'industrie textile était orientée vers le peignage de la laine. Le site est fermé depuis janvier 2004.

[37] Voir par exemple cet article concernant la perception des bras morts de cours d'eau : Cottet Marylise, Rivière-Honegger, Anne, Piegay, Hervé – 2010 « Mieux comprendre la perception des paysages de bras morts en vue d'une restauration écologique : quels sont les liens entre les qualités esthétique et écologique perçues par les acteurs ? », *Norois*, 216 : 85-103. Le texte souligne d'abord la différenciation des regards d'experts et non-experts, avant de nuancer et d'évoquer certaines « convergences ».

[38] Ces dynamiques concernent avant tout des scientifiques de formation. Mais un mouvement inverse n'est pas exclu. À ce sujet, le concept de « technotables » est particulièrement intéressant. (Gaudin 1999).

[39] Le stade actuel est encore celui de la conception, ralentie par des coupes budgétaires. À l'origine, il devait occuper près de 15 hectares sur les 80 de la Z.A.C. Actuellement, sa superficie pressentie avoisine 8 hectares.

[40] Ces différents qualificatifs sont entre autres présents dans le « Référentiel dynamique du développement durable », et sont fréquemment cités au cours des entretiens.

[41] Récemment a même surgi le terme d'*ecosystem disservices*, qui cible la perception des « contre-services » rendus par la biodiversité, d'abord vis-à-vis de l'agriculture. Aujourd'hui des études sur ce phénomène en contexte urbain commencent à être menées. Elles concernent alors les désagréments éventuels liés à un accroissement de la biodiversité en milieu urbain : caractère potentiellement allergène des pollens ou encore dégradation du bâti par la nidification de certaines espèces (Rankovic et collaborateurs 2012).

[42] Le rapport du *Millenium ecosystem assessment* (2005) identifie ainsi les services culturels, selon qu'ils sont esthétiques, spirituels, éducatifs, ou récréatifs.

[43] Sans pour autant nier les divergences entre activité scientifique et d'expertise. Nous mettons ici l'accent sur les seules dimensions communes à des fins de démonstration.

[44] Plusieurs interviewés citent notamment la mise en œuvre d'une « gestion différenciée », consistant à entretenir différemment les espaces selon leur fonction. La fréquence de l'entretien est alors tributaire des usages : un site enherbé utilisé pour les loisirs (jeux de ballons ou autres) est tondu plus régulièrement qu'une zone non-fréquentée, qui peut alors voir se développer une certaine diversité faunistique et floristique.

Notes

[45] Nous nous inspirons ici tant de Philippe Descola que des analyses d'Augustin Berque (Berque 1997 ; 2010) ; (Descola 2004).

[46] Ces quelques termes issus des entretiens déclinent la thématique de la véritable nature : « la vraie nature », « la belle nature », « la nature sauvage », « la nature authentique ». Lorsqu'ils sont employés, c'est systématiquement en référence au lointain (espaces montagneux, littoraux, continent arctique,…).

[47] Propos recueillis au cours d'un entretien, novembre 2014.

[48] C'est dans l'un de ses plus célèbres ouvrages, *Nous n'avons jamais été modernes. Essai d'anthropologie symétrique*, que Bruno Latour revient sur le conflit ayant opposé Robert Boyle à Thomas Hobbes autour de l'invention de la pompe à air, soldé par la « victoire » du premier. Pour l'auteur, cet événement marque l'avènement de la « constitution moderne » qui fonde l'opposition entre faits naturels et sociaux.

Science et opérationnel : un déficit de partage de connaissances sur la biodiversité, préjudiciable à la contribution positive de sa gestion durable ? L'exemple du domaine de la construction

Corinne QUELQUEJEU

Introduction

Depuis 1976, date de la promulgation de la loi sur la protection de la nature, toute construction en France dont le coût global dépasse les deux millions d'euros doit faire l'objet d'une étude d'impact. Cette étude permet de faire un état des lieux exhaustifs de la faune et la flore sur la parcelle où la construction doit être érigée. Les modalités de l'étude d'impact ont été modifiées en juillet 2012 par le décret d'application de l'article 230 issu de la loi Grenelle 2. Les études d'impact ne sont plus fixées selon un seuil monétaire mais selon un seuil technique pour chaque type de projet (importance du projet, nature des travaux …). Ces études sont supposées permettre de déplacer, réduire ou compenser une perte en biodiversité sur la parcelle. La doctrine ERC – *Éviter, Réduire et Compenser* – en provenance du domaine des Installations classées pour la protection de l'environnement ou ICPE, notamment les carrières ou les chantiers de grandes infrastructures, inspire ce changement qui est désormais censé concerner la construction des bâtiments, y compris les villes.

En France, l'enjeu est de taille puisque la renaturation en ville répond à plusieurs objectifs dont celui de la prise en compte de la biodiversité. Avec 20% de la population française, qui vit sur 2% du territoire, et ce même si 80% de la surface de l'Ile-de-France est rurale, la biodiversité est globalement en érosion. L'estimation actuelle est qu'un quart des 5 000 espèces de plantes présentes en France sont menacées d'extinction à court ou long terme. L'urbanisation absorbe notamment de nombreuses zones humides dont il est estimé que 67% a disparu depuis le début du XXe siècle[1]. En dépit de cette réglementation, à notre connaissance, aucune construction en Ile-de-France n'a jamais été soumise à une étude d'impact. Ce document réglementaire est pourtant l'une des pièces qui permet l'obtention d'un permis de construire. À l'évidence, si aucun inventaire n'est effectué sur une parcelle avant de construire, aucune mesure de réduction ou de compensation ne peut être mise en œuvre. Autrement dit, il est impossible de compenser une perte potentielle de biodiversité si un inventaire exhaustif n'a pas été dressé avant le début de la construction de l'ouvrage.

Les opérateurs de travaux publics effectuent des études d'impact. Elles sont établies par des bureaux d'étude autonomes. Les données ne sont pas diffusées, restant confidentielles sur chaque opération. La dimension scientifique des données n'est pas exploitée par le domaine du bâtiment ou des travaux publics et elles ne sont pas prises en compte par la science. Comment pallier cette défaillance ?

Constat d'une carence de l'intégration de la biodiversité dans la conception d'un bâtiment

Rappelons que le bâtiment est une forme et une dimension de l'aménagement urbain ou rural. Un bâtiment couvre généralement quelques centaines de mètres carrés et s'intègre à des unités spatiales plus grandes, que sont l'îlot ou le quartier. Le bâtiment est généralement constitué par une structure physique comportant plusieurs étages d'un seul tenant ; il arrive qu'il comporte des sous-unités reliées formant un seul bâtiment[2]. Les fonctions d'un bâtiment peuvent être très variées : habitation, services, stockage, production, etc.

Dans le domaine de la construction des bâtiments, nous postulons que la carence de l'intégration de la biodiversité a plusieurs origines, réglementaires et idéologiques. Outre le fait que la réglementation soit lacunaire et que son application soit très partielle, nous pouvons évoquer le poids de la tradition latine (dans laquelle la ville se conçoit en opposition à la campagne et à la nature) ; le renforcement des conceptions hygiénistes au XIXe siècle, dont la lutte contre l'insalubrité des villes, qui passe par celle menée contre les parasites ou les êtres vivants. À ce titre, nous pouvons évoquer les grandes campagnes d'assèchement des zones humides menées par l'État entre le XVIe siècle et le XIXe siècle pour lutter contre le moustique, vecteur du paludisme. Enfin, rappelons que la ville des architectes et urbanistes du début du XXe siècle – celle conçue dans le sillage de la Charte d'Athènes, élaborée lors du Congrès international d'architecture moderne en 1933 et dont le thème était « la ville fonctionnelle » – est totalement sous le contrôle du dessin architectural, géométrisée[3]. La trame urbaine, souvent pauvre en espaces de nature (Clergeau et Blanc 2013) joue d'indéniables effets de barrière et fragmentation (Esbah et collaborateurs 2009 ; Goddard et collaborateurs 2009). Par tradition architecturale, aucun aménagement spécifique n'est prévu afin que les ouvrages puissent contribuer à la protection de la biodiversité.

Au-delà des normes environnementales concernant la biodiversité, les chantiers de construction doivent répondre à de nombreuses règles telles qu'édictées dans le Code de la construction et de l'habitation, le Code de l'urbanisme ou par les réglementations techniques françaises et européennes. Leur évolution perpétuelle impose aux équipes dirigeant les chantiers de construction de modifier leur façon de travailler. À la suite des nombreux accidents dans le secteur de la construction à l'échelle européenne, la directive de l'Union Européenne n°92/57/CEE du Conseil des Communautés européennes a été émise le 24 juin 1992. Elle concerne les prescriptions minimales de sécurité et de santé à mettre en œuvre sur les « chantiers temporaires ou mobiles ». Cette directive a institué une nouvelle doctrine, celle de la *coordination santé sécurité*. Son équivalent dans le domaine de l'environnement n'existe pas. Toutefois, la réglementation tend à évoluer vers une meilleure intégration de l'environnement, en termes de chantier propre et en limitant les nuisances (lutte contre le bruit et la poussière, tri et récupération des déchets, recyclage des matériaux, etc.). Elle impose aussi des normes de types *Bâtiment Basse Consommation* (BBC) ou à *Haute Qualité Environnementale* (HQE), appuyées sur des performances nécessitant des contrôles spécifiques, tels que des essais *in situ* sur le débit des robinets ou des engagements sur des matériaux en bois labellisés. Le référentiel HQE est composé de quatorze cibles, réparties en quatre catégories : éco-construction, confort, éco-gestion et santé. Ce référentiel est en perpétuelle mutation. La prochaine version devrait intégrer une quinzième cible concernant la biodiversité. Les impératifs de respect du Protocole de Kyoto en 1997 préfigurent des changements importants dans les choix de techniques de mise en œuvre et de matériaux, voire dans les manières d'habiter. Pour exemple, aucun bois ne provenant de forêts protégées ne peut être mis en œuvre sur une construction en France ; les constructeurs sont dès lors incités à utiliser des filières locales.

Concernant l'énergie, le secteur du bâtiment est en Europe le premier consommateur d'énergie primaire (40% de l'énergie totale consommée) avant les transports (30%) et l'industrie (30%). Le secteur du bâtiment est responsable de plus de 40% des émissions totales de CO_2, avec d'importantes différences régionales inhérentes à l'âge des constructions et aux conditions climatiques), selon l'Agence de l'environnement et de la maîtrise de l'énergie (ADEME). Les économies d'énergie sont un enjeu économique et écologique majeur pour ce secteur. De nombreuses maisons passives (habitation ayant une consommation en énergie pour les usages domestiques ne dépassant pas 15kW/an/m²) et même « énergiquement positives » existent en Allemagne et Suisse. En revanche, d'autres pays ont fait peu d'efforts, alors même que les prix du pétrole et de l'énergie en général augmentent inexorablement. La Directive européenne sur la performance énergétique des bâtiments (DPEB), mise en place en 2002, visait à réduire leur consommation énergétique de 22% d'ici 2010. Les objectifs n'ayant pu être atteints, ils ont été reconduits pour 2040. Si l'urbanisme et les routes ont d'importants impacts écologiques et paysagers, la *Haute Qualité Environnementale* contribue cependant à les réduire notablement.

Fonctionnement d'une opération de construction

Que ce soit en marché privé ou public, un appel d'offre est lancé par le donneur d'ordre : le maître d'ouvrage. Il peut choisir tout d'abord de chercher un architecte ainsi que des bureaux de contrôles puis, une fois le projet finalisé, lancer un deuxième appel d'offre afin de trouver un constructeur. Il peut également effectuer un appel d'offre de conception-construction dans lequel l'architecte, le constructeur et certains bureaux d'études répondent ensemble. Quelle que soit la solution choisie, un maître d'ouvrage est considéré comme non « sachant » par la loi dans le domaine de la construction.

Comment est encadrée juridiquement la construction en France ? Le Code de la construction et de l'habitat, modifié en 1995 et amendé afin d'améliorer la sécurité des personnes et faciliter l'intervention des secours, (gendarmerie, police nationale ou pompiers), regroupe notamment les dispositions législatives et réglementaires relatives à la construction, à la promotion immobilière, aux logements sociaux. Le domaine de la construction est également régi par des documents techniques, des notes de calcul. Rappelons qu'il existe de nombreux bureaux d'études dans tous les domaines de la construction, y compris, depuis quelques années, dans le domaine de l'environnement.

Au plan institutionnel, l'organisme de référence dans la construction est le CTBS, le Centre technique et scientifique du bâtiment. Cet établissement public français à caractère industriel et commercial (EPIC) a été créé en 1947 afin d'aider à la reconstruction après-guerre. Ce fut un outil primordial pour le ministère de la Reconstruction et de l'Urbanisme. Il est désormais sous la tutelle du ministère de l'Écologie, du Développement durable et de l'Énergie.

Cet établissement a quatre missions bien définies : la recherche, l'expertise, l'évaluation et la diffusion de connaissances.
Ses missions sont réparties dans 8 domaines départements bien distincts :
Énergie Santé Environnement
Sécurité, Structures et Feu
Économie et Sciences Humaines
Acoustique et Éclairage
Climatologie, Aérodynamique, Pollution, Épuration
Enveloppe et Revêtement
Hydraulique et Équipements sanitaires
Technologies de l'information et diffusion du savoir.

En cas d'usage de technique novatrice, le CSTB est le seul organisme habilité à délivrer, en contrepartie d'un cahier des charges drastique, un avis technique afin de s'assurer de la conformité technique et réglementaire du nouveau produit.

De plus, des bureaux d'études dits techniques, tels que *structure, acoustique* ont des qualifications spécifiques. Ils travaillent soit pour le maître d'ouvrage, soit pour le maître d'œuvre, soit pour le constructeur. Ils sont les garants de la bonne mise en œuvre des matériaux de construction. Il faut savoir que l'ensemble des plans de structure béton d'une opération de construction est validé par un bureau de contrôle indépendant, choisi par le maître d'ouvrage. Ce bureau est présent dès le début de l'opération. Il valide et contrôle l'ensemble de la structure. Pour exemple, aucune fondation de grue ne peut être coulée sans l'approbation des membres de ce bureau. Le mot contrôle prend ici tout son sens. Les bureaux d'étude en environnement n'ont pas cette vocation de contrôle à proprement parler, et donc de validation. Cette différence est primordiale concernant la représentation et la prise en compte des demandes ou remarques des opérationnels face aux bureaux d'études environnementaux. Il est à noter qu'il n'existe pas de qualification obligatoire pour être bureau d'études environnementales. Cette absence, ajoutée à celle du contrôle évoquée précédemment, ne fait que renforcer le fossé entre les opérationnels et ces bureaux.

Au plan fonctionnel, les bureaux de contrôle valident les calculs, les notes, les plans de ferraillage, etc. selon des normes établies, reconnues et enseignées dans les écoles de bâtiment et travaux publics. Les bureaux environnements collationnent quant à eux certaines données, recherchent des matériaux « meilleurs » (*sic.*) pour l'environnement, selon les référentiels en vigueur. Il faut à ce propos rappeler que la recherche d'un produit « meilleur » ou équivalent pour les opérationnels n'est pas un critère. C'est le critère économique qui est bien évidemment prépondérant. Il existe dix critères, appelés *indicateurs*, pour choisir un produit. Ils n'ont pas tous les mêmes performances. C'est sur cette variable que jouent les opérationnels. Lors du choix d'un produit sur une opération, au lieu de chercher un produit meilleur, il est fréquent de prendre un produit moins performant sur le plan environnement. Cela permet la mise en œuvre du produit le plus viable au plan économique. Les constructeurs érigent des bâtiments pour générer des profits. À l'inverse, la notion d'économie entre peu dans les critères de choix des bureaux environnementaux. Ils sont à la recherche de produits innovants ayant les meilleures performances techniques, dans les principes du développement durable, tels que les économies de ressources primaires ou la protection des forêts. Cette divergence creuse le fossé précédemment évoqué entre les opérationnels et ces bureaux.

Labels et référentiels environnementaux en France : lien et monopole entre les certificateurs

Revenons sur l'histoire du développement des labels et référentiels En 1974, à l'initiative du Secrétaire d'état au logement, l'association QUALITEL est chargée de développer un label du même nom, qui deviendra synonyme de logements de qualité, donc gage de confort pour les occupants. Dans les années 1990, encouragée par le PUCA (Plan Urbanisme Construction Architecture), ce label se développe de façon privilégiée dans le secteur social. QUALITEL décline des certifications complémentaires répondant à de nouvelles problématiques : confort acoustique, performance énergétique, accessibilité aux handicapés, etc. Depuis 2000, le développement durable devient une préoccupation grandissante. La priorité est donnée à la lutte contre le changement climatique, à la préservation des écosystèmes et à la maîtrise des consommations d'énergie dans le parc de bâtiments existants. Conjointement, les professionnels de la construction s'engagent résolument dans des démarches qualités. QUALITEL intègre dans ses certifications de nouveaux critères en lien avec le développement durable. De nouveaux labels et référentiels voient le jour : *NF Logement*, *Habitat et Environnement* (H&E) pour les constructions neuves et *Patrimoine Habitat et Environnement* (PH&E) pour les rénovations de construction ; apparaissent ensuite des labels et référentiels liés à l'énergétique. En parallèle de ces référentiels, dans les années 2000, les acteurs du développement durable en France créent l'association HQE, *Haute Qualité Environnementale*. Cette association édite en 2005 le premier référentiel pour les constructions tertiaires, puis les constructions de type résidentiels et enfin l'ensemble des types de constructions[4]. Dans la lignée du protocole de Kyoto et de la sortie du premier référentiel HQE, le CSTB crée CERTIVEA, établissement public pour la certification des bâtiments.

Depuis plus d'une décennie, deux référentiels sont applicables pour les constructions ou les rénovations de logements, chacun ayant un unique certificateur. Des passerelles entre ces deux référentiels existent depuis les années 2010. Ces monopoles, ainsi que cette « promiscuité », jettent une ombre sur le bien-fondé des démarches environnementales et des assises du développement durable dans le domaine. En tenant compte des bureaux d'études, il est facile de comprendre pourquoi les « messages » du développement durable ont parfois du mal à être compris par certains opérationnels. En 2015, un rapprochement et une répartition plus clairs entre le CERTIVEA et CERQUAL devrait avoir lieu. CERTIVEA devrait assurer l'ensemble des certifications des constructions type tertiaire et CERQUAL celles des constructions type résidentiel. Cette nouvelle visibilité est en partie due à un rapprochement entre les certifications françaises ; un unique référentiel devrait voir le jour et les référentiels H&E, PH&E, NF Logement ou HQE ne seront alors plus qu'un seul et même référentiel. CERTIVEA devrait certifier les logements privés et CERQUAL, ceux des marchés publics.

Il est à noter qu'il existe d'autres référentiels dans le monde, comme le *Leadership in Energy and Environmental Design* (LEED), le *Deutsche Gesellschaft für Nachhaltiges Bauen, German Sustainable Building Council* (DGNB) ou le *Building Research Establihment Environmental Assessment Methodology* (BREEAM). Une grande différence existe entre ces référentiels et ceux de France. S'ils sont tous fondés sur les principes du développement durable, ce sont uniquement les référentiels des autres pays qui font intervenir avant le début d'une opération un écologue afin de faire un inventaire exhaustif de la flore et la faune présente sur la parcelle où la construction doit être érigée. De tels référentiels formulent implicitement que les études d'impact sont une obligation.

De la ville au bâtiment comme milieu de vie

Pour un grand nombre d'auteurs scientifiques mais aussi pour la plupart des aménageurs, la ville est encore considérée comme le tissu de désagrégation de la nature (Teillac-Deschamps et collaborateurs 2009). La nature est en danger en ville du fait de l'expansion de l'artificialisation et, en soi, la densité de la composition de la ville, s'oppose à la naturalité et, *a fortiori*, à la diversité des espèces (McKinney 2006) qu'elle a tendance à « homogénéiser » (McKinney 2006). La ville fragmente les espaces de nature qui se réduisent au gré de la croissance du tissu urbain (Esbah et collaborateurs 2009). Elle est aussi perçue comme nuisible, du fait des pollutions qu'elle génère (Pouyat et collaborateurs 2007).

À l'inverse de ces considérations, nombres d'auteurs insistent sur le fait qu'il convient de prendre en compte le milieu urbain comme élément d'accueil de la nature et de la biodiversité (Grimm et collaborateurs 2008), et ce, pour plusieurs raisons. Les milieux urbains offrent une gamme variée d'écosystèmes (Baker et collaborateurs 2007 ; Pouyat et collaborateurs 2007 ; Byrne et collaborateurs 2008). La nature en ville est à préserver car elle rend de multiples services et il existe des indices de la haute valeur de la biodiversité urbaine (McKinney 2008). Même les sols des villes, par leur variété, offrent des supports riches en faune et en flore (Byrne et collaborateurs 2008). Il n'y a donc par essence pas nécessairement contradiction entre tissu urbain et biodiversité ; la question en jeu est celle de la transparence écologique des milieux urbains. Comment les constructions peuvent ou doivent contribuer à la biodiversité en ville ou à son retour ?

Ces écosystèmes urbains sont ceux des friches qui présentent une incontestable richesse, comme cela a pu être démontré pour le département des Hauts-de-Seine (Muratet et collaborateurs 2007) ; il s'agit également de ces nouveaux écosystèmes ou écosystèmes émergeants (Williams et Jackson 2007) pour lesquels l'environnement urbain favorise la présence de combinaisons d'espèces permettant le développement d'écosystèmes dits non-analogues (Williams et Jackson 2007 ; Henry 2012). La biodiversité urbaine représente ainsi un nouveau champ d'investigation. Elle s'inscrit dans les parcs et les jardins, privés ou publics (Schwarz et collaborateurs 2013), qui accueillent, pour certains, des activités agricoles et dont les enjeux ne cessent de croître (Goddard et collaborateurs 2009), mais également dans le contexte du cadre bâti (façades, toitures, pignons, cours…) ou encore dans les éco-quartiers (Henry 2012).

S'il existe une gamme variée de protocoles et de recommandations permettant d'accroître les performances énergétiques des bâtiments, il n'en n'est pas de même pour ce qui concerne la biodiversité. Pourtant, les contraintes croissantes des exigences des maîtres d'ouvrage et les efforts des maîtres d'œuvre pour répondre à ces besoins de renaturation (Barnaud et Chapuis 2004) contribuent à changer les modes d'approche de la relation entre construction et biodiversité. En particulier, ce développement concerne à la fois la façon d'aborder les chantiers et la conception des bâtiments. Pendant la phase chantier, la biodiversité peut en effet constituer un enjeu de préservation de l'espace affecté (Williams et Jackson 2007). Enfin, des protocoles de végétalisation ou d'intégration de la nature au bâti sont prévus dans un nombre croissant de bâtiments. Cependant, la capitalisation des expériences et de ce qui pourrait constituer un stock de données demeurent inexistants. Nous postulons que le bâtiment doit devenir un écosystème en s'intégrant dans le milieu dans lequel il a été construit et doit, en corrélation avec son milieu environnement, interagir avec les autres écosystèmes situés à proximité. Le bâtiment doit intégrer le principe des trames vertes ou bleues afin de ne plus être un frein au retour de la biodiversité dans les villes mais servir d'habitat afin de contribuer à la préservation et au renforcement de la biodiversité existante dans nos villes.

Les citadins apprécient les services rendus par la biodiversité sans nécessairement en avoir conscience (se rendre dans les parcs ; bénéficier de lieux arborés…). Il est aujourd'hui devenu difficile d'énumérer tous les nouveaux loisirs liés à la nature. Le prix des logements augmente d'ailleurs si ceux-ci sont situés à proximité d'un parc ou d'une zone boisée, ce qui montre l'attrait de tels environnements. Il existe malheureusement très peu de recherches, du moins en France, sous la forme d'expérimentation de projets pilotes en faveur de la recherche sur la biodiversité en rapport avec des opérations de construction. Par manque d'intérêt, scepticisme ou par méconnaissance des codes culturels et relationnels liés à l'entreprise, le monde de la science semble avoir des difficultés à communiquer avec le monde opérationnel. Selon nous, ces projets permettraient de rapprocher les recherches des opérationnels, ainsi que de mettre en application des pistes novatrices d'étude. Ces derniers seraient les contributeurs de la perte de biodiversité en aménageant le territoire et en construisant, détruisant ainsi les espèces et habitats associés. Les chercheurs devraient en conséquence travailler en amont des projets afin de produire des études d'impacts. Ce type d'inventaire écologique permettrait de connaître de façon factuelle l'impact des constructions sur la perte de biodiversité. Cela permettrait également aux opérationnels de prendre conscience des dégâts engendrés par une opération.

Transparence écologique. Dimensions spatiales et environnementales de l'ingénierie de conception et de réalisation des constructions en milieu urbain : l'exemple de l'Ile de France

Mon projet de recherche s'inscrit dans la réflexion autour des modalités de capitalisation des connaissances à propos des processus de renaturation mis en œuvre dans le cadre de projets de bâtiments intégrant la biodiversité. Pour permettre au lecteur de comprendre comment est né ce projet, je reviens un instant sur mon parcours professionnel. Après avoir obtenu un brevet de technicien supérieur à l'École Spéciale des Travaux Publics de Paris, j'ai obtenu le concours pour être *Ingénieur Bâtiment Tous Corps d'États* au CESFA d'Évry. Après avoir participé pendant dix ans à la conduite de travaux sur des chantiers à la fois en construction neuve ou en réhabilitation de bureaux, d'école, de salles de spectacles, j'ai pris conscience de l'impact de mon métier sur l'environnement.

Travaillant dans l'une des majors du BTP français, j'ai eu la possibilité de bénéficier de reconversions. Aussi, j'ai pu bénéficier d'un poste spécifique d'animateur Qualité et environnement, dans lequel j'ai pu faire valoir mon attrait pour les aspects environnementaux du métier. Je suis donc en charge, depuis janvier 2007, de l'animation de la qualité et de l'environnement au sein d'EIFFAGE CONSTRUCTION Résidentiel et Fonctionnel. Outre l'animation, je m'occupe du documentaire de l'entreprise, du déploiement des prescriptions du groupe EIFFAGE (ou de la branche au sein de la SAS) sur les chantiers, des relations avec les Assistants Maîtres d'Ouvrage Haute Qualité Environnementale (AMO HQE) et de la sensibilisation de l'ensemble des collaborateurs et de nos sous-traitants, ainsi que, ponctuellement, des relations avec les riverains, les associations et les maîtres d'ouvrages. Grâce aux autres animateurs environnement d'EIFFAGE CONSTRUCTION en Ile-de-France, j'ai acquis des connaissances en matière de réglementation environnementale et je me suis forgée des idées afin de l'appliquer sur nos chantiers. Par ailleurs, une veille réglementaire mensuelle permet de suivre les évolutions de cette réglementation. Afin de valider mes connaissances pratiques au plan universitaire, j'ai obtenu le Master 2 BIOTERRE (Biodiversité, Territoire, Environnement) de l'Université Paris 1.

J'ai travaillé sur des projets « biodiversité » pilotes du groupe EIFFAGE, développés sur des constructions neuves. Le principe était d'installer des nichoirs à oiseaux, des ruches ou des hôtels à papillons pour favoriser le développement de la biodiversité, ce qui n'a pas toujours été aisé. Je me suis notamment heurtée aux problèmes des nuisances relatives que peuvent engendrer la pose de ces dispositifs puis la venue pérenne des animaux dans ces nouveaux lieux créés pour eux. Trivialement, les riverains, les citadins apprécient de voir la faune (oiseaux, papillons) mais n'en supportent rapidement pas les conséquences (le bruit et les salissures). Or, il est impossible de concilier la présence d'espèces vivantes avec ce caractère aseptisé, dépossédé de vie, de la nature idéale voulue par les citadins. Le mécontentement des individus a donc parfois pris le pas sur la pose d'un nichoir ou d'une ruche.

Détaillons le cas d'une opération, celle de la Direction générale de la gendarmerie nationale (DGGN), partenariat public privé (PPP).

Contexte temporel

Le chantier de la DGGN s'inscrit dans une démarche Haute Qualité Environnementale (HQE). Ceci signifie que le chantier est un chantier à faibles nuisances mais aussi que le bâtiment livré doit répondre à des exigences en termes de respect de l'environnement. De plus, le groupe EIFFAGE renforce globalement son action en faveur de la biodiversité.

Contexte géographique

Nous avons constaté lors de notre étude que le site se trouve au carrefour de plusieurs zones naturelles d'intérêt écologique, faunistique et floristique, les ZNIEFF. Ainsi à moins de cinq kilomètres du site se trouvent les zones suivantes : le parc de Saint Cloud, la forêt de Meudon, la forêt de Fausse-Repose et le Bois de Boulogne (voir carte ci-après)

Le projet était une démarche volontaire et consistait à installer des nichoirs à oiseaux et des hôtels à papillons sur le site de la future DGGN.

Objectifs annoncés

- Oiseaux et insectes pourront plus facilement s'installer sur le site.
- Augmentation et pérennisation de la flore par le biais de la pollinisation par les insectes et de l'ornithophilie.
- Amélioration du cadre de vie pour les employés mais aussi pour les riverains (présents et futurs) du site.

Le groupe EIFFAGE doit assurer une maintenance sur le site pendant plus de trente ans et s'est engagé à retirer toutes salissures liées aux oiseaux.

Figure 1. Les ZNIEFF autour de la D.G.G.N.

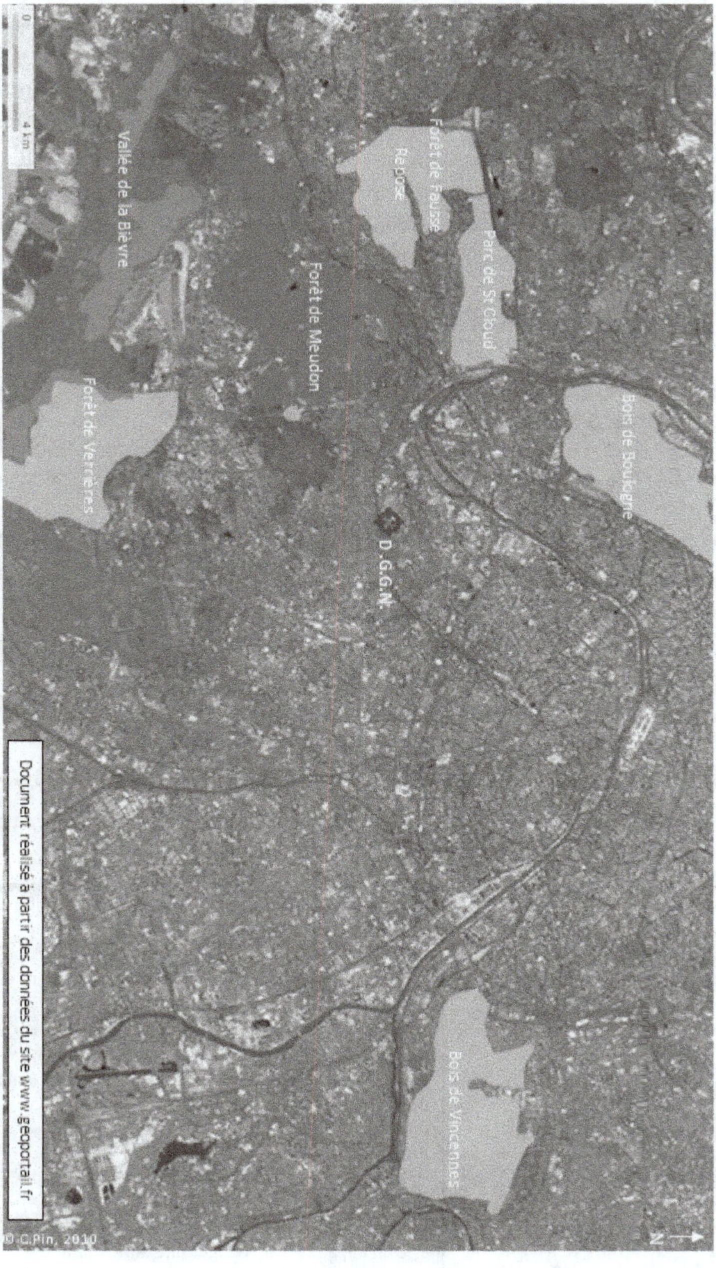

ZNIEFF 1 - Les ZNIEFF de type I, de superficie réduite, sont des espaces homogènes d'un point de vue écologique et qui abritent au moins une espèce et/ou un habitat rare ou menacé, d'intérêt aussi bien local que régional, national ou communautaire; ou ce sont des espaces d'un grand intérêt fonctionnel pour le fonctionnement écologique local.

ZNIEFF 2 - Les ZNIEFF de type II sont de grands ensembles naturels riches, ou peu modifiés, qui offrent des potentialités biologiques importantes. Des ZNIEFF de type I et de type II peuvent se superposer.

L'enjeu de cette opération était double. Localement, le projet devait influencer positivement le milieu naturel et urbain. De par sa position, le site pouvait devenir une aire de passage et de repos pour les oiseaux vivant entre la forêt de Meudon et les autres ZNIEFF. Ce projet s'inscrivait dans la logique de la charte de la biodiversité d'EIFFAGE. En pratique, il s'agissait d'implanter environ quinze nids ou nichoirs répartis autour de la DGGN. Afin d'être cohérents, il fallait veiller à planter des arbres correspondants à l'habitat des oiseaux susceptibles de fréquenter ou de s'installer sur le site. Il a ainsi été décidé de planter certaines essences d'arbres autour d'un des bâtiments du site. Consolider l'implantation des oiseaux a ainsi permis de renforcer la diversité des espèces animales mais aussi végétales du site. Un véritable écosystème s'est mis en place. Par ailleurs, à proximité immédiate du site, des logements ont été construits et il ne fait aucun doute que des espaces verts ont également attiré des espèces animales.

Budget prévisionnel du projet pilote

Base d'une quinzaine de nids standards avoisinant les 35€ pièce (http://www.eco-sapiens.com/eco-achat.php). Avec la pose de ces nids, le prix total du projet revient à environ 1025 euros HT. La participation de la LPO n'a pas été chiffrée à ce jour mais nous pensons que deux hommes seront nécessaires pour une journée de travail.

Une étude de faisabilité a été effectuée sur des données de la Ligue de protection des oiseaux (LPO). Après étude, l'installation de nichoirs s'est révélée appropriée, étant donné les modes d'habitats adoptés par les espèces locales. L'étude s'est notamment basée sur les espèces présentes dans la forêt de Meudon. L'association des installations a permis de maîtriser le biotope en choisissant les espèces déjà implantées dans le milieu.

Espèces d'oiseaux présentes[5] autour du futur siège de la DGGN et type de nichoir choisi

Espèce aviaire	Opportunité d'installation sur site
Accenteur mouchet	peu adaptée, il n'est pas prévu d'installer des thuyas
Busard Saint-Martin	milieu inadapté
Canard colvert	milieu inadapté
Chardonneret élégant	il faut installer un arbre suffisamment vieux répondant aux critères d'installation de l'animal
Épervier d'Europe	peut être adapté au grand conifère qui a été préservé à proximité des cantonnements des sous-traitants
Faucon crécerelle	Inadaptée, car son alimentation sera insuffisante (absence de petits rongeurs des champs)
Fauvette grisette	milieu inadapté
Geai des chênes	milieu inadapté
Héron cendré	milieu inadapté
Hibou moyen-duc	milieu inadapté
Hirondelle de fenêtre	bon candidat mais n'est présent qu'une partie de l'année. Il faut être en capacité d'aménager une zone humide.
Mésange bleue	bon candidat, d'autant que l'espèce ne présente pas une démographie dynamique et qu'il est probable que son accueil soit bien perçu par les usagers
Martin pêcheur d'Europe	milieu inadapté
Mésange charbonnière	vraisemblablement le meilleur candidat

Pic vert	l'oiseau s'installera de lui-même en creusant un tronc quand les arbres de l'opération auront grandi
Pouillot véloce	moyennement adapté
Rouge-gorge familier	moyennement adapté
Sittelle torchepot	moyennement adapté
Troglodyte mignon	moyennement adapté
Verdier d'Europe	moyennement adapté

Sur cette opération, EIFFAGE CONSTRUCTION a disposé quinze nichoirs pour les mésanges charbonnières et bleues, les hirondelles de fenêtre, les moineaux, les éperviers d'Europe, les troglodytes mignons, les sitelles et les pics verts. Des collaborateurs d'EIFFAGE CONSTRUCTION, en permanence sur place pour assurer la maintenance, ont constaté que les gendarmes étaient nombreux à donner régulièrement nourrir les oiseaux et que les nichoirs étaient occupés par les oiseaux.

Conclusion

Un déficit d'informations et de connaissance de ce qu'est la biodiversité pour les personnes travaillant dans le domaine du bâtiment ou des travaux publics ainsi qu'un manque juridique et réglementaire entraînent une érosion de la biodiversité en Ile-de-France. La construction de bâtiments contribue à la destruction d'habits naturels et d'espèces. Afin de freiner et surtout d'inverser cette situation, il est primordial que les personnes travaillant dans le bâtiment prennent rapidement conscience que l'acte de construire est très loin d'être anodin pour la biodiversité. Cela passe par des sensibilisations et des modifications de comportements. Il faut aussi que la réglementation soit renforcée, connue de tous et appliquée. Il est indéniable que des efforts sont accomplis, dans le domaine de la construction, par l'adoption de protocoles qui renaturent les milieux urbains. Cependant, ceux-ci, susceptibles de permettre le développement de la connaissance scientifique sur la biodiversité urbaine, souffrent d'un déficit de connexion entre le monde scientifique et le monde opérationnel. Le domaine du bâtiment ne peut réussir ce changement à lui seul. Il doit s'appuyer sur les données scientifiques existantes. Il existe des recherches sur les compensations qui ont fonctionné et celles qui ont échoué. Il faudrait que le monde opérationnel accepte l'aide des scientifiques afin de mettre en pratique leurs idées et d'échanger sur les bonnes pratiques déjà mise en œuvre. Il faudrait que ces deux mondes, encore trop cloisonnés, analysent ensemble les résultats des opérations conduites, tant les échecs que les réussites, afin de mettre en pratique et en commun leurs informations pour pallier la perte de la biodiversité en France.

Bibliographie

Baker Larry, Brazel Anthony, Byrne Loren, Felson Alex, Grove Morgan, Hill Kristina, Nelson Kristen C., Walker Jason., Shandas Vivek — 2007, "Effects of human choices on characteristics of urban ecosystems". *Bulletin of the Ecological Society of America*: 404–409.

Barnaud Geneviève et Chapuis Jean-Louis — 2004, « Ingénierie écologique et écologie de la restauration : spécificités et complémentarités ». *Ingénieries,* n° spécial : 123-138.

Byrne Loren. B., Bruns Mary Anne et Chung Kim Ke — 2008, "Ecosystem properties of urban land covers at the aboveground-belowground interface". *Ecosystems,* 11: 1065-1077.

Clergeau Philippe. et Blanc Nathalie — 2013, *Trames vertes urbaines. De la recherche scientifique au projet urbain*, Paris, éditions du Moniteur.

Dallimer Martin, Irvine Katherine, Skinner Andrew, Davies Zoe G., Rouquette James, Maltby Lorraine L., Warren Philippe H., Armsworth Paul R. et Gaston Kevin — 2012, "Biodiversity and the Feel-Good Factor: Understanding Associations between Self-Reported Human Well-being and Species Richness". *BioScience*, 62: 47-55.

Davies Zoe G., Edmondson Jill, Heinemeyer Andreas, Leake Jonathan et Gaston Kevin — 2011, "Mapping an urban ecosystem service: quantifying above-ground carbon storage at a city-wide scale". *Journal of Applied Ecology*, 48: 1125-1134.

Esbah Hayriye, Cook Edward A. et Ewan Joseph — 2009, "Effects of increasing urbanization on the ecological integrity of open space preserves". *Environmental Management*, 43: 846-862.

Goddard Mark. A., Dougill Andrew J. et Benton Tim G. — 2009, "Scaling up for gardens: biodiversity conservation in urban environments". *Trends in Ecology and Evolution*, 25: 90-98.

Grimm Nancy B., Faeth Stanley H., Golubiewski Nancy E., Redman Charles L., Wu Jianguo, Bai Xuemei et Briggs John M. — 2008, "Global change and the ecology of cities". *Science*, 319: 756-760.

Henry Alexandre — 2012, *Aménagement des éco-quartiers et de la biodiversité*. Thèse de doctorat, AgroParisTech, 195 p.

Jean-Michel Le Bot et Françoise Philip — 2012, « Les trames vertes urbaines, un nouveau support pour une cité verte ? », *Développement durable et territoires*, 3 (2), en ligne : http://developpementdurable.revues.org/9318.

McKinney Michael L. — 2006, "Urbanization as a major cause of biotic homogenization". *Biological Conservation* 127: 247–260.

McKinney Michael L. — 2008, — Effects of urbanization on species richness: a review of plants and animals. *Urban Ecosystems* 11: 161–176

Muratet Audrey, Machon Nathalie, Jiguet Frédéric, Moret Jacques et Porcher Emmanuelle — 2007, "The role of the urban structures in the distribution of wasteland flora in the greater Paris area, France". *Ecosystems*, 10: 661-671.

Pauleit Stephan et Duhme Friedrich — 2000, "Assessing the environmental performance of land cover types for urban planning". *Landscape and Urban Planning* 52: 1–20.

Pouyat Richard V., Pataki Diane. E., Belt Kenneth T., Groffman Peter M., Hom John et Band Lawrence E. — 2007, "Effects of urban land-use change on biogeochemical cycles". *In* Josep G. Canadell, Diane E. Pataki et Louis F. Pitelka (eds). *Terrestrial ecosystems in a changing world.* Berlin: Spinger, p. 55-78.

Teillac-Deschamps Pauline, Lorrillière Romain, Servais Véronique, Delmas Virginie, Cadi Antoine et Prévot-Julliard Anne-Caroline — 2009, "Management strategies in urban green spaces: Models based on an introduced exotic pet turtle". *Biological Conservation*, 142: 2258-2269.

Williams John W. et Jackson Stephen T. — 2007, "Novel climates, no-analog communities and ecological surprises". *Frontiers in Ecology and the Environment,* 5(9): 475-482.

Ye Xinping, Skidmore Andrew K. et Wang Tiefun — 2013, Within-patch habitat determines the resilience of specialist species in fragmented landscapes. *Landscape Ecology,* 28(1): 135-147.

Notes

[1] http://conservation-nature.fr

[2] Comme c'est le cas de la mairie de Saint-Denis.

[3] L'exemple le plus illustre étant la Cité Radieuse de Le Corbusier à Marseille.

[4] Il existe aussi un référentiel pour l'exploitation des constructions.

[5] Source : LPO

La biodiversité : une cible mouvante Réflexions sur les jeux d'échelles dans les problématiques liées à la biodiversité végétale

Delphine GRAMOND

Introduction

À l'heure où les questions relatives à la biodiversité se positionnent en préoccupations globales, à l'image des « risques » d'extinction d'espèces, de « vulnérabilités » au changement global, etc., cet article propose une réflexion sur la nature, les contours et la portée du terme « biodiversité ». L'objectif est de mieux cerner les enjeux scientifiques, gestionnaires et sociaux des stratégies actuelles visant la préservation, la restauration, le renforcement et la valorisation de la biodiversité[1]. Avec la création de la Plate-forme intergouvernementale sur la biodiversité et les services écosystémiques en 2013, dont l'objectif principal est l' *« amélioration des liens entre les connaissances et la prise de décision, (...) l'identification et l'élaboration d'outils et de méthodes d'appui aux décisions qui prennent en considération toutes les connaissances pertinentes sur la biodiversité »*[2], il apparaît opportun de se pencher sur les paradoxes induits par le terme « biodiversité », qui n'est ni tout à fait la « nature », ni tout à fait la « diversité biologique » selon les mesures qu'il est possible d'en faire (*cf.* § « Des échelles d'observations aux échelles d'interprétations »). La biodiversité est avant tout un indicateur, une estimation à un instant *t*, une certaine représentation du vivant. Déjà discuté par Christian Levêque dans un article daté de 1994, le questionnement soulevé par ce regard orienté, connoté et pluriel sur le vivant qu'impose le concept de biodiversité, devient encore plus critique dans le contexte actuel de mondialisation des phénomènes et de globalisation des responsabilités. Il n'émerge pas de consensus strict sur la biodiversité.

Positionner alors les questions de durabilité des milieux au plan de la biodiversité – comme le préconise par exemple la mise en œuvre des trames vertes, l'une des mesures phares du Grenelle de l'Environnement[3] – génère plusieurs interrogations quant au sens donné au terme « biodiversité », qui devient l'objectif à atteindre, la ligne de mire. Mais que cible-t-on ? Une biodiversité régionale optimale ? Une biodiversité remarquable symbolique ? Une biodiversité fonctionnelle, transposable en services rendus ? L'article propose de discuter de deux principaux points. Le premier interroge l'identité de la biodiversité, une donnée qui se traduit en niveaux d'organisation biologiques et/ou échelles d'observations spatiales. Le deuxième point concerne la construction du modèle « biodiversité » ; il convient de l'interroger selon son contexte d'inscription territoriale, tant il mobilise des représentations socio-culturelles variées susceptibles de décentrer les stratégies de gestion normative imposées par certains cadres de référence fondés sur des index a-spatialisés, a-territorialisés (*e.g.* listes rouges de l'IUCN). Il ne s'agit pas ici de critiquer leur bien-fondé mais de signaler que les jeux d'échelles à mobiliser sont nombreux et complexes pour comprendre et agir de manière pertinente sur la biodiversité. La notion de « menace » pour une espèce est toujours relative à une ou des spatialités, mais aussi à une ou des temporalités. D'où l'idée d'envisager la biodiversité comme une « cible » (car elle mobilise de multiples acteurs selon plusieurs visées, de la connaissance à la gestion en passant par la monétarisation), une « cible mouvante » qui plus est car si sa terminologie est communément admise, ses conceptions sont plurielles. La biodiversité, en tant que « ressource », en plus d'être variable sur un plan synchronique, est dynamique sur une séquence diachronique. Il y a donc des ajustements incessants à faire pour cibler l'objet et positionner les discours. Ce dernier point sera discuté selon l'idée que la biodiversité, objet et discours coproduit par les sphères scientifiques et institutionnelles, peut favoriser l'émergence de projets de médiation, de démocratie coopérative, impliquant aussi la sphère citoyenne, les usagers de la biodiversité, dans le sens où l'entend la Convention d'Aarhus de 1998 sur la participation du public au processus décisionnel en matière d'environnement (ratifiée en 2002 par la France).

La biodiversité : cible de toutes les sciences ou pour toutes les sciences ?

La biodiversité est-elle l'affaire de spécialistes ? Si oui, lesquels… S'il apparaît cohérent de constater que les sciences de la nature (botanique, écologie, biologie de la conservation, etc.) ont une place centrale dans les programmes de recherches sur la biodiversité, est-il pour autant pertinent d'inscrire les rôles des sciences humaines et sociales dans ces programmes uniquement au second plan, de manière accessoires, auxiliaires ? Pas depuis que la notion de biodiversité s'est substituée à celle de diversité biologique *sensu stricto.* De la seule énumération d'une collection d'entités biologiques, la biodiversité s'est imposée comme un concept intégrateur. Ce dernier inclut ainsi valeur intrinsèque et valeurs instrumentales plurielles de la diversité biologique, des valeurs culturelles jusqu'aux bénéfices économiques (CDB 1992 ; Escobar 1998 ; Blondel 2005 ; Maris 2014).

Réalité ou représentation, le thème « biodiversité » se diffuse dans les écrits scientifiques de manière notable avec un accroissement important du nombre de publications[4] référencées dans le *Web of Science* sous la rubrique

« biodiversité » selon le recensement de la Fondation pour la recherche sur la Biodiversité (Chavériat et collaborateurs 2011). Dans le même rapport, les auteurs montrent que le thème « biodiversité » gagne le monde scientifique dans sa grande diversité et se présente comme un espace original dans le réseau de recherche en France. En effet, en travaillant sur les réseaux de collaborations entre disciplines au sein d'un échantillon de 180 projets de recherche (ANR principalement) réunissant 1 700 chercheurs financés par la Fondation pour la recherche en biodiversité entre 2005 et 2010, les auteurs présentent un paysage pluridisciplinaire, avec une centralité autour de l'écologie, la biologie de la conservation et la biogéographie ainsi que des connexions fortes avec les sciences expérimentales mais bien moindres avec les sciences sociales comme la sociologie et la géographie, qui apparaissent cloisonnées sur la question. Dans une autre étude, Locatelli et collaborateurs (2010) ont travaillé sur les deux conférences internationales réunissant plus de 600 chercheurs et liées aux programmes *DIVERSITAS*[5] en 2005 et 2009. Ils concluent que les thématiques liées à la biodiversité – qui reste le thème phare sur les deux manifestations – apparaissent de moins en moins centrées sur l'écologie et de plus en plus orientées vers les questions économiques (services rendus) ou sociales (bien-être et santé, adaptation au changement climatique, etc.). De ces portraits, certes incomplets mais informatifs, nous pouvons soulever la question suivante : la biodiversité est-elle une cible spontanée de toutes les disciplines, depuis l'histoire jusqu'aux biotechnologies, ou une cible privilégiée pour toutes les sciences, l'occasion d'une mire pluridisciplinaire ? Avant de proposer quelques éléments de discussion sur cette question, il convient avant tout de se poser celle-ci : s'agit-il de la même cible ? La biodiversité, préoccupation de tous, devient un sujet de recherche aussi bien pour l'écologue, l'historien, l'économiste, etc. mais est-ce le même objet de recherche ?

Arturo Escobar dans sa contribution au titre évocateur *« Does biodiversity exist ? »* (1995) affirme que la biodiversité n'a pas de sens absolu, qu'elle est un discours qui s'articule autour d'une nouvelle relation entre la nature et la société dans un contexte scientifique, économique et culturel global donné. Cette posture révèle les ambiguïtés du terme « biodiversité », vacillant entre « objet » et « projet ». La biodiversité est un paradigme, reposant sur un modèle scientifique qui n'est pas nécessairement collectif.

Émergence de la biodiversité, oubli de la nature ?

L'expansion du terme et du thème « biodiversité » dans les sphères scientifiques comme politiques est à relier avec l'émergence d'une nouvelle réflexivité des sociétés dans leur rapport avec la nature suite à l'épuisement de la pensée néo-malthusienne focalisée sur la dialectique ressources/besoins, mais également dans un contexte de dimensionnement planétaire des questionnements environnementaux (Devictor 2015). La mise en évidence de discordances entre temporalités des phénomènes et temporalités sociales a permis d'identifier les signes précurseurs d'une crise, celle de l'érosion de la biodiversité. Celle-ci semble relever autant d'un discours que d'une réalité scientifique mais pose la question de la cible opérationnelle justifiant l'instrumentation de la nature à travers le modèle de la biodiversité. En effet, lorsque à l'aube des années 1980, Thomas Lovejoy écrit, dans la préface de l'ouvrage *Conservation Biology: An Evolutionary-Ecological Perspective,* que « la réduction de la diversité biologique est la question la plus importante de notre temps »[6], fort est de constater que le glissement sémantique entre « diversité biologique » et « biodiversité » s'est opéré progressivement mais rapidement à partir du Sommet de Rio (1992) par processus réactionnel, celui de protéger la nature face à une crise qui se globalise. L'attention n'est pas principalement portée sur la nature, mais sur sa diversité. Ce changement de focale impose des postures conceptuelles, et par extension méthodologique, sur ce que représente la « diversité » du vivant. Est-ce l'idée de la fonctionnalité qui prime ? La quasi-totalité des expériences démontre effectivement qu'il existe une relation positive entre biodiversité et dynamique des écosystèmes (Purvis et Hector 2000), mais nombreuses sont également celles qui indiquent que seules 20 à 50% des espèces présentes sont efficacement utiles pour le maintien des processus majeurs (Schwartz et collaborateurs 2000). Nous pouvons alors nous demander s'il faudrait cibler des seuils d'efficience ? Mais la biodiversité ne relève pas que d'une dimension écologique liée au maintien et au fonctionnement des écosystèmes. Elle englobe également des dimensions sociales et culturelles. Comment les prendre en compte dans l'évaluation de la biodiversité ? Entre pratiques et représentations, la biodiversité est une forme de valorisation d'une nature, elle est donc un produit bioculturel, qui néglige fréquemment une partie de la nature (espèces « ordinaires », « domestiques », « invasives ») au profit d'espèces dites « remarquables », « rares », etc. Les questions éthiques que convoque inévitablement le concept de biodiversité ont été précocement identifiées (Levêque 1994) mais sont encore loin d'avoir été épuisées.

Des échelles d'observations aux échelles d'interprétations : mesures de la biodiversité

Réduite à ce qui la compose, la biodiversité – dans sa dimension écologique – est une mesure de dissemblance, de distance, un certain codage de la nature, celui du vivant. La biodiversité est une notion simple qui revêt une réalité complexe car le jeu d'hypothèses la concernant diffère selon les champs disciplinaires impliqués, si bien que les approches sont diverses. Il est toutefois possible d'identifier un point de convergence collectif, celui de l'expression d'une biodiversité à trois degrés, mais il devient alors nécessaire de préciser la distinction entre approche par hiérarchie (ce qui est ordonné selon des niveaux distincts et respectivement subordonnés) d'une part et approche scalaire (indicateur de dimension de l'espace considéré) d'autre part, qui sont parmi les plus utilisées pour codifier la biodiversité.

La biodiversité, résolument associée à un espace donné, est-elle une mesure aisément repérable ? Plusieurs difficultés apparaissent lorsque les questions relatives à l'évaluation de la biodiversité se posent et l'une d'entre elles concerne les référentiels de mesure. L'approche par niveau hiérarchique distingue classiquement trois degrés d'organisation de la biodiversité : génétique (notée α), spécifique (β) et écosystémique (γ). Cette approche confère donc un cadre formel à ce système d'organisation mais rend impraticable l'observation directe de la biodiversité α et compliqué le transfert de l'observation à la mesure pour la biodiversité γ. En effet, pour cette dernière, il faut tenir compte du fait que les limites spatiales d'un écosystème sont le plus souvent graduelles, donc complexes à identifier strictement, et peu prédictibles en termes d'étendue. Le niveau intermédiaire est donc logiquement, et en pratique, la cible pour évaluer la biodiversité. Il s'agit ici d'une échelle d'observation visant la détermination d'un « état » de la biodiversité.

L'approche par jeux d'échelles est classiquement effectuée autour de trois dimensions (usuellement notés α, β et γ sans que leur signification soit celle de l'approche hiérarchique vue précédemment) qui ne constituent pas des emboîtements hiérarchiques au sens strict (Whittaker 1960). Il s'agit ici de mesure la biodiversité spécifique, selon trois échelles différentes. Les dimensions α (ou biodiversité locale, se référant à un ensemble d'espèces partageant le même espace) et γ (biodiversité régionale) sont des valeurs scalaires, réductibles à un chiffre absolu, ce que Beierkuhnlein (2001) nomme la diversité d'inventaire, par distinction avec la diversité proportionnelle, la dimension β (biodiversité intra-régionale, qui exprime la réponse des espèces à l'hétérogénéité spatiale) est une valeur vectorielle, rationnelle, représentant des gradients, parfois directionnels, sur un espace donné. Il y a donc dans cette approche méthodologique courante de la biodiversité une question d'échelle à résoudre *a priori*, et un choix raisonnable – ou pour le moins raisonné – à faire quant aux métriques de référence pour l'évaluation de la biodiversité. Il s'agit là d'une échelle d'interprétation ciblant plus une « trajectoire » de la biodiversité qu'un « état » puisque l'hétérogénéité spatiale est au cœur de l'approche structurée par l'espace formulée par Whittaker (1960). En cela, la dimension β permet de prendre en compte – indirectement – les facteurs abiotiques (édaphiques, géomorphologiques, climatiques, hydrologiques, etc.) dont les interactions se traduisent par une hétérogénéité des mailles mésologiques sur lesquelles s'installent les espèces (Jurasinki et collaborateurs 2009).

Le jeu d'échelles spatiales mobilisé pour évaluer la biodiversité n'est pas anodin, il va traduire une certaine réalité. En effet, lorsqu'un curseur scalaire est positionné, il est nécessaire d'opérer un choix raisonné sur l'étendue relative à la mesure de la biodiversité γ (qui peut être par exemple système forestier) et aussi sur la résolution à laquelle la biodiversité α est corrélée (le grain d'observation pourrait correspondre pour un système forestier à une parcelle forestière). Prenons l'exemple théorique d'une étude de la biodiversité des ripisylves le long de trois affluents d'un bassin versant (schéma 1 ci-après).

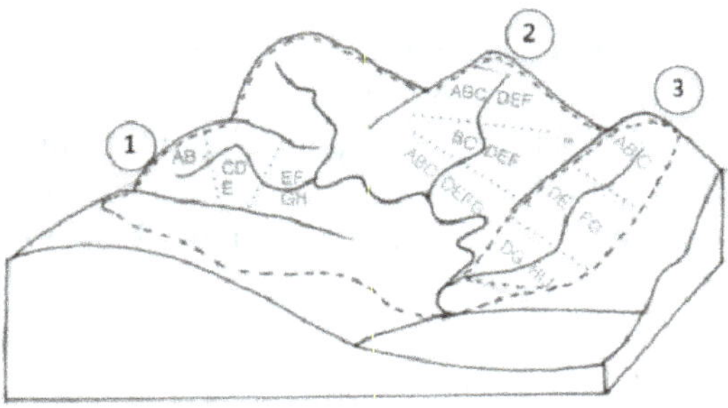

Métrique de référence	Mesure Whittaker			Indice de similitude de Sørensen
	α	γ	β	β
Affluent 1	3	8	2,7	0,33
Affluent 2	6	7	1,2	0,83
Affluent 3	4	10	2,5	0
Ensemble des affluents	**4,3**	**10**	**2,3**	**0,77**

Schéma 1 : Distribution théorique d'espèces végétales au sein des ripisylves sur 3 affluents d'un même bassin versant

L'étendue choisie peut être par exemple celle du sous-bassin versant correspondant à chaque affluent avec pour grain d'observation un secteur fonctionnel (amont, médian, aval), ou bien, celle de l'ensemble des trois affluents, chacun représentant d'entre eux représentant un grain d'observation.

Les mesures de biodiversité classiquement utilisées (indices de Whittaker (1960) et de Sørensen (1948) montrent bien la dépendance à l'échelle d'observation, comme au modèle de référence choisi pour l'évaluation (*i.e.* formules d'estimation). C'est pourtant bien la même « nature » ! Se pose alors la question du choix du modèle dans une logique gestionnaire de protection de la biodiversité par exemple. Reprenons le cas théorique (schéma 1 ci-après) comme support de réflexion : s'il s'agit de protéger plus particulièrement la biodiversité à l'échelle d'un affluent, le choix s'orientera probablement vers l'affluent n° 3 car c'est celui qui contient la plus grande biodiversité γ (donc régionale).

L'affluent peut alors être considéré comme potentiellement représentatif d'un état optimal de la biodiversité ; si l'enveloppe financière ne permet finalement de protéger qu'un seul secteur fonctionnel parmi ces trois affluents, alors le curseur s'orientera vers l'affluent n°2 qui contient la plus forte biodiversité α (donc locale) ; c'est alors plutôt le critère « rareté » qui serait privilégier. Mais la meilleure cible ne serait-elle pas pourtant l'affluent n°1 qui comporte un assemblage particulier avec une importante biodiversité β intra-régionale et un faible degré de similitude ? La démonstration est simple – simpliste même – mais a pour avantage de révéler la nécessaire réflexion sur le jeu d'échelles d'observation, et d'interprétation surtout, de la biodiversité, qui ne doit pas négliger les structures spatiales, influençant fortement les choix d'échantillonnage. Cardoso et collaborateurs (2009) – en testant la performance de quinze mesures de la biodiversité β – ont démontré que tous les indices étaient finalement peu robustes à l'échantillonnage. Ceci met en perspective le fait que des difficultés méthodologiques d'inventaire de la biodiversité persistent et rendent encore plus complexe l'intellectualisation de cette dernière. L'exemple montre l'aspect très relatif de la mesure de la biodiversité selon l'échelle spatiale considérée, ce qui ne doit pas occulter l'importance d'une autre échelle, celle des temporalités. La prise en compte de dimensions permet de mieux contextualiser ces « trajectoires » de la biodiversité, et de comprendre les processus de mise en place et de maintien de celle-ci.

La biodiversité en héritage

Jusqu'à présent, nous avons évoqué le modèle de construction de l'état de la biodiversité, ce qui est, à un moment donné, sur un territoire donné. Mais ce portrait de la biodiversité n'est porteur que s'il est compris et analysé dans une perspective diagnostique qui mobilise nécessairement la prise en compte des temporalités, notamment pour recentrer la question de la ou des crises liée(s) à la biodiversité dans une trajectoire environnementale dynamique.

Plus que l'espace, c'est le temps (les temporalités plus précisément), qui lient les niveaux hiérarchiques aux niveaux scalaires précédemment évoqués. Il y a une corrélation logique entre niveaux hiérarchiques et temporalités de telle sorte que la biodiversité α répond essentiellement à des mécanismes relativement instantanés tandis que l'échelon γ réagir à des processus pluri-séculaires voire millénaires (Hill et Hill 2001). Le plus grand niveau d'organisation (*e.g.* écosystème) peut être peu étendu spatialement (*e.g.* une mare) mais c'est le temps des processus plus que leur échelle spatiale qu'il faut prendre considérer car les réponses d'un écosystème à une perturbation sont globalement plus lentes que les réponses d'un individu de cet écosystème. Il existe une plus grande inertie des niveaux supérieurs. La question des temporalités est importante à considérer car la biodiversité – à l'instant *t* – est la résultante d'une co-histoire biophysique et socioculturelle qui se conjugue dans une polyrythmie d'expression.

Le concept de trajectoire mobilisé dans les travaux sur les ajustements fluviaux (Hughes et collaborateurs 2005 ; Dufour et Piégay 2009) est transposable à une réflexion sur les variabilités de la biodiversité. La biodiversité d'aujourd'hui porte l'histoire de son contexte d'insertion territoriale, soit directement dans son cortège floristique, soit indirectement en réponse à des dynamiques mésologiques. En effet, dans les temps longs, la biodiversité réagit à des forçages climatiques (relativement cycliques) mais aussi à des perturbations météorologiques (arythmiques) et à des contraintes socio-économiques (polyrythmiques). Chacune de ces forces agit de manières différenciée et asynchrone sur les formes (biodiversité structurelle) et sur les forces (processus de colonisation par exemple) aussi bien du point de vue de spatialités (aire d'influences) que des temporalités (durées). La biodiversité a donc une histoire, et celle-ci est complexe. Relire ses trajectoires, pour identifier et évaluer des variations, voire des crises, permet de mieux comprendre ce qu'elle représente actuellement, en incluant les rôles directs ou induits de l'homme. L'enveloppe historique des variabilités de la biodiversité est bien à la fois naturelle et culturelle. Duncan et collaborateurs (2010) insistent sur l'importance de la dimension sociale et propose ainsi qu'une « enveloppe d'acceptation sociale » soit intégrée aux processus de conservation de la biodiversité. Il s'agit de saisir la gamme des conditions écologiques que la (les) société(s) considère(nt) comme acceptables à un temps donné. Ceci résonne avec la dimension éthique que revêt la biodiversité et questionne les postures des regards idéologiques portés sur certaines espèces, comme les exotiques, fréquemment perçues comme nuisibles (Levêque et collaborateurs 2012). Sans oublier que cette acceptation sociale est elle-même variable, dans le temps et selon les groupes sociaux, comme l'illustre l'exemple de l'herbe du Laos au Cameroun (*Chromolaena odorata*). Happy (1998) a mis en évidence l'effet positif de cette espèce dans la dynamique forestière des écotones de savanes et forêts tropicales. L'espèce favorise les faciès forestiers par une double action. Elle possède un rôle défensif d'une part, car l'herbe du Laos est une espèce « pare-feu » qui résiste efficacement au passage des incendies ; un rôle offensif d'autre part, car elle permet de faciliter le retour des essences forestières par effet d'ombrage et par sa faible appétence pour les troupeaux lors des stades juvéniles des arbres. Soulignons que ce qui a été perçu comme un processus de régénération des forêts tropicales par la communauté scientifique a été vécu comme un processus de dégradation par embroussaillement des savanes pastorales par les éleveurs notamment (Huguenin 1993). Si nous ajoutons à cette vision duale le fait que l'herbe du Laos est une espèce reconnue comme invasive, nous concevons que l'acceptation sociale est plurielle et variable.

Dans la conception de la trajectoire environnementale, outre le poids cumulé des héritages complexes, il existe l'idée que le retour à un état antérieur est vain. Cette idée doit recentrer les réflexions autour de la « restauration ». La biodiversité d'aujourd'hui n'est pas – et ne peut être – celle d'hier. Il est donc pertinent de ne pas s'arrêter à l'identification d'une biodiversité-inventaire, mais de diagnostiquer les potentielles pertes fonctionnelles car plusieurs travaux exposent la tendance à un remplacement des « perdantes » (les espèces spécialistes) vers des « gagnantes » (espèces qui s'avèrent plus généralistes) (Smart et collaborateurs 2006 ; Devictor et collaborateurs 2008 ; Britton et collaborateurs 2009). Il est donc crucial de connaître et comprendre les dynamiques d'ajustements (les processus de remplacement notamment) pour placer les curseurs d'une gestion concertée.

De la médiatisation à la médiation de la biodiversité

Les questionnements relatifs à la biodiversité ont conduit à l'émergence de processus de valorisation, écologiques tout d'abord, puis culturels et économiques ensuite. Ainsi, la biodiversité – donnée du vivant – s'affirme progressivement comme un projet, construit autour d'une hiérarchie non plus biologique ni spatiale, mais socio-culturelle. La biodiversité est alors souvent perçue comme la part « sacrée » de la nature. En effet, parmi les acceptations collectives accordées à la biodiversité comme critères identitaires, les termes de biodiversité « menacée », « rare », « protégée » ou même « patrimoniale » s'imposent dans les discours (Chevassus-au-Louis et collaborateurs 2009). La distinction entre biodiversité « remarquable » d'un côté et « ordinaire » de l'autre, oriente (ou désoriente ?) aujourd'hui les stratégies gestionnaires. En effet, si la biodiversité absolue peut être forte, son caractère « remarquable » peut être faible (beaucoup d'espèces mais peu d'espèces « phares ») ; au contraire, la biodiversité numérique peut être faible avec des espèces très endémiques, justifiant parfois des mesures de conservation. Les valeurs d'existence et de représentations de la biodiversité sont rarement évaluées de manière intégrée, les postures étant orientées plutôt vers l'une ou l'autre de manière quasi-exclusive. À ceci s'ajoute un nouveau champ de reconnaissance de la biodiversité, celui des « services écosystémiques » tels que le *Millenium Ecosystem Assessment* les définit (MEA 2005). Ainsi, la biodiversité assure des fonctions diverses (*e.g.* approvisionnement, régulation, culture) qui peuvent être traduites en services rendus. Cette approche capacitaire, particulièrement mise en avant actuellement, ne risque-t-elle pas de désaxer le curseur des stratégies de conservation de la biodiversité vers les valeurs d'usage ou d'option (*i.e.* usage potentiel futur) au détriment des valeurs d'existence ? Est-il possible d'y remédier ? Comment plusieurs conceptions de la biodiversité peuvent être conciliées pour répondre à la mixité des valeurs attribuables à la fraction vivante de la nature ?

La biodiversité, un concept épuisé ?

Malgré sa diffusion et son ancrage fort dans toutes les sphères décisionnelles, la biodiversité reste un concept aux contours flous et, par voie de conséquence, à la portée scientifique discutable (Hamilton 2005). Les auteurs du rapport commandé par la Commission européenne à l'Institut Gallup sur la compréhension par le grand public du terme « biodiversité » (Eurobarometer 2007), remarquent que le terme est encore peu connu des européens (35%). À l'échelle de la France, les enquêtes révèlent en effet que 25% des interrogés affirment n'avoir jamais entendu le terme, 41% répondent l'avoir entendu mais ne pas le comprendre et finalement, seulement 34% déclarent l'avoir entendu et le comprendre. Cette disjonction entre l'enracinement du thème dans les sphères scientifiques, gestionnaires et économiques au regard de la méconnaissance de la société civile met en exergue la nécessité de construire un savoir transversal sur la biodiversité, nourri par l'ensemble des acteurs, car même si les conceptions sur la biodiversité sont multiples, l'objectif visé repose sur un socle commun : respecter, ne pas compromettre et transmettre. Or, la biodiversité est liée à un territoire, et donc nécessairement à ses acteurs. Il apparaît alors opportun que la biodiversité puisse émerger comme la résultante d'une négociation permanente et diagonale entre interprétations, des plus codées aux plus symboliques, émergeant d'émetteurs pluriels (scientifiques, institutionnels et citoyens). Il apparaît en effet crucial de noter que les mesures de biodiversité, si elles sont bien relatives à un espace par définition, le sont trop peu à un territoire. Dans le cas des plantes, est-il concevable et pertinent de réduire la mesure de la diversité à une donnée numérique, « déracinée » du contexte biophysique et actoriel d'insertion qui éclaire les patrons d'organisation et d'évolution de cette biodiversité ? Si la diversité biologique peut se traduire par rapport à une échelle spatiale, la biodiversité renvoie à la dimension territoriale, nécessitant en conséquence une approche plus systémique qu'analytique.

La biodiversité « spatiale » qui se réduit à ce qui la compose, reposant alors sur des caractères identifiables, correspond à une approche directe à visée opérationnelle. Mais nous l'avons vu, même de manière très analytique, la biodiversité peut se mesurer par des indicateurs divers, avec des résultats souvent discordants. Seule la dimension écologique de la biodiversité est alors considérée, et elle ne suffit pas à la caractériser, ou seulement partiellement. Si la valeur écologique de la biodiversité reste une valeur scientifique centrale, il est important de ne pas négliger l'ensemble des valeurs additionnelles (économiques, éthiques, etc.) qu'elle intègre et qui sont encore rarement prises en compte de manière globale. La biodiversité « territoriale » dépasse la synthèse additionnelle d'éléments du vivant. Elle doit être envisagée sous un angle systémique, un ensemble complexe, organisé, pluridimensionnel, appelant une analyse transdisciplinaire.

En résumé, la biodiversité – à l'échelle spécifique par exemple – pourrait être identifiée selon quatre caractéristiques non exclusives : des critères directs, mesurables à une échelle spatiale définie, c'est-à-dire la diversité biologique au sens strict ; des caractéristiques induites ensuite, reposant sur la reconnaissance de valeurs d'existence, d'usage, d'option, etc. des espèces identifiées ; des caractéristiques indirectes, liées à la relecture de l'histoire des individus identifiés (origine géographique, mobilités, usages, etc.) pour « neutraliser » le discours sur les « exotiques », les « introduites », etc. qui néglige souvent l'histoire de la biodiversité ; enfin, des caractéristiques sociales et organisationnelles, par l'analyse de jeux d'acteurs afin de guider les stratégies de conservation.

La biodiversité à identité pluridimensionnelle nécessite de mobiliser des regards pluridisciplinaires. L'enjeu d'une médiation autour des enjeux liés à la biodiversité doit éviter l'écueil d'une logique verticale émetteurs (sphères scientifiques) / récepteurs (sphère sociale) et nécessite la mise en relation des savoirs pluriels pour transmettre ce qui est un produit mixte entre dynamiques biophysiques et socio-culturelles.

Conclusion

Dans cet article, la pluralité des portraits possibles de la biodiversité a été mise en perspective. Il en découle que les dimensions identitaires de la biodiversité peuvent se décliner en trois axes. Tout d'abord, l' « identité écologique », qui reste le socle de l'identification de la biodiversité mais qui pose déjà des problèmes méthodologiques (pluralité des indicateurs descriptifs proposés, difficultés d'échantillonnage, etc.). À cette dimension biologique s'ajoute l' « identité sociale » qui s'exprime par les fonctions jouées par la diversité biologique dans les dynamiques écosystémiques (équilibre, régulation, facilitation, etc.) et qui pose quant à elle la question de la place des espèces dites « envahissantes », « exotiques », « introduites », etc. dans les écosystèmes. Enfin l'identité culturelle de la biodiversité, relative à des systèmes de valeurs (d'usage, d'options, etc.) relativement normatifs (peu de prise en compte des particularités locales), un « prêt à penser » qui appelle à réflexions approfondies pour positionner notamment les valeurs éthiques des espèces au même plan que les valeurs économiques (*cf.* services rendus).

La conception pluri-identitaire de la biodiversité, prenant en compte les différentes dimensions définies précédemment, reste encore peu abordée même si elle n'est pas nouvelle. Un regard rétrospectif sur les pratiques de recherche révèle toutefois que les conceptions initiales de la biodiversité sont préférentiellement centrées autour de l'écologie en tant que science « pivot » ; ceci justifiant en partie le fait que la confusion entre biodiversité et diversité biologique soit encore très présente dans les discours. L'approche est ensuite devenue plus mosaïque avec la prise en compte de la biodiversité dans de nombreuses disciplines (anthropologie, sociologie, histoire, etc.) mais de manière souvent cloisonnée, avec une conception différente du terme ; ce phénomène a multiplié les discours et brouillé le message auprès de la société civile qui ne s'approprie pas aisément le concept. À ce stade, une question se pose alors : la « crise » de la biodiversité ne résulte-t-elle pas d'une impasse intellectuelle où se confrontent incessamment des modèles divergents ? Quelle pourrait alors être la cible méthodologique ? Une approche métissée, où les différentes sphères acceptent la désorientation pour tendre vers un consensus remettant en question les conceptions établies pour faire émerger une culture commune… mais la biodiversité codée du praticien peut-elle être la biodiversité perçue de l'acteur ? Le concept de biodiversité, s'il n'est pas épuisé, n'a pas fini de susciter des questionnements.

Bibliographie

Beierkuhnlein Carl — 2001, « Die Vielfalt der Vielfalt - Ein Vorschlag zur konzeptionellen Klärung der Biodiversität », *Berichte der Reinhold-Tüxen-Gesellschaft* 13 :103–118.

Blondel Jacques — 2005, « Biodiversité et sciences de la nature », *in* : P. Marty, F.D. Vivien, J. Lepart et R. Larrère (eds) — 2005, *Les biodiversités. Objets, théories, pratiques*, Paris : éditions du CNRS

Britton Andrea J., Beale Colin M., Towers Willie et Hewison Richard L. — 2009, "Biodiversity gains and losses: Evidence for homogenisation of Scottish alpine vegetation", *Biological Conservation* 142(8): 1728-1739.

Cardoso Pedro, Borges Paulo A.V. et Veech Joseph A. — 2009, "Testing the performance of beta diversity measures based on incidence data: The robustness to undersampling". *Diversity and Distributions* 15, 6 : 1081-1090.

Chaveriat Cédric, Ghitalla Frank, Pelegrin Flora, Fadil Fatima et Le Roux Xavier — 2011, « La base de données nationale des acteurs, structures et projets de recherche sur la biodiversité : présentation et analyse du paysage de la recherche », *Rapport FRB.*

Chevassus-au-Louis Bernard, Salles J-Michel, Bielsa Sabine, Richard Dominique, Martin Gilles et Pujol J-Luc — 2009, *Approche économique de la biodiversité et des services liés aux écosystèmes. Contribution à la décision publique.* Paris : Centre d'Analyse Stratégique.

Convention sur la diversité biologique (CDB) — 1992. Organisation des Nations unies.

Devictor Vincent, Julliard Romain et Jiguet Frédéric — 2008, "Distribution of specialist and generalist species along spatial gradients of habitat disturbance and fragmentation", *Global Ecology and Biogeography* 17: 252-261.

Devictor Vincent — 2015, *Nature en crise: Penser la biodiversité.* Paris : éditions du Seuil.

Dufour Simon et Piégay Hervé — 2009, "From the myth of a lost paradise to targeted river restoration: forget natural references and focus on human benefits", *River Research and Applications* 25: 568-581.

Duncan Sally L., McComb Brenda C. et Johnson Norman — 2010, "Integrating Ecological and Social Ranges of Variability in Conservation of Biodiversity: Past, Present, and Future", *Ecology and Society* 15, 1, 10 p.

Escobar Arturo — 1995, "Does biodiversity exist?", *in*: N. Haenn, R. Wilk Ed., *The Environment in Anthropology : a reader in Ecology, Culture and Sustainable living.* New York: University Press.

Escobar Arturo — 1998, « Whose knowledge, whose nature? Biodiversity, conservation, and the political ecology of social movements », *Journal of Political Ecology* 5: 53-79

Eurobarometer — 2007, Attitudes of Europeans towards the issue of biodiversity, n°219. The Gallup Organization.

Happy Youta — 1998, *Arbres contre graminées : la lente invasion de la savane par la forêt au centre Cameroun.* Thèse de doctorat, Université Paris-Sorbonne, 237 p.

Hamilton Andrew J. — 2005, "Species diversity or biodiversity?", *Journal of Environmental Management* 75: 89-92.

Hill Jennifer L. et Hill Ross A. — 2001, « Why are tropical rain forest so species rich? Classifying, reviewing and evaluating theories », *Progress in Physical Geography* 25, 3: 326-354.

Hughes Francine M. R., Colston Adrian et Mountford J.Owen — 2005, « Restoring riparian ecosystems: the challenge of accomodating variability and designing restoration tranjectories », *Ecology and Society* 10, 1 : 12 p.

Huguenin Johann. — 1993, « Répartition, Dynamique, Incidences de *Chromolaena odorata* dans huit pays d'Afrique de l'Ouest ». *Document de travail.* CIRAD-FAO. 43 p.

Jurasinski Gerald, Retzer Vroni et Beierkuhnlein Carl — 2009, « Inventory, differentiation, and proportional diversity: a consistent terminology for quantifying species diversity », *Oecologia* 159(1): 15–26.

Lévêque Christian — 1994, « Le concept de biodiversité : de nouveaux regards sur la nature », *Natures, Sciences, Sociétés* 2(3) : 243-254.

Lévêque Christian, Tabacchi Eric et Menozzi Marie-Jo — 2012, « Les espèces exotiques envahissantes, pour une remise en cause des paradigmes écologiques », *Sciences Eaux et Territoires* 6 : 2-9.

Locatelli Bruno, Babin Didier et Troquebiau Emmanuel — 2010, « Biodiversity and society understanding connections, adapting to change », *Natures, Sciences, Sociétés* 18, 4 : 462-465.

Maris Virginie — 2014, *Nature à vendre : les limites des services écosystémiques*. Versailles : Éditions Quae.

MEA — 2005, *Ecosystems and Human Being : A framework for assessment*. Washington D.C.: Island Press.

Purvis Andy et Hector Andy — 2000, « Getting the measure of biodiversity », *Nature* 405: 212 – 219.

Schwartz Mark W., Brigham Christy A., Hoeksema Jason D., Lyons Kelly G., Mills M. H. et Phillip van Mantgem — 2000, « Linking biodiversity to ecosystem functioning: implications for conservation ecology », *Oecologia* 122, 297–305.

Smart Simon M, Thompson Ken, Marrs Robert H., Le Duc Mike G., Maskell Lindsay C. et Firbank Leslie G. — 2006, « Biotic homogenization and changes in species diversity across human-modified ecosystems », *Proceedings of the Royal Society B: Biological Sciences* 273: 2659–2665.

Sørensen Thomas A. — 1948, « A method of establishing groups of equal amplitude in plant sociology based on similarity of species content, and its application to analyses of the vegetation on Danish commons », *Kongelige Danske Videnskabernes Selskabs Biologiske Skrifter* 5 : 1–34.

Whittaker Robert H. — 1960, « Vegetation of the Siskou Mountains, Oregon and Washington », *Ecological Monographs* 30: 271-338.

Notes

[1] Citons à différents échelons la Convention internationale sur la diversité biologique, la Stratégie nationale pour la biodiversité, Le Plan Biodiversité de Paris, etc.

[2] http://www.fondationbiodiversite.fr/a-l-international/ipbes

[3] La Trame verte et bleue est une mesure phare du Grenelle Environnement qui porte l'ambition d'enrayer le déclin de la biodiversité au travers de la préservation et de la restauration des continuités écologiques (Source : http://www.developpement-durable.gouv.fr/-La-Trame-verte-et-bleue,1034-.html)

[4] multiplié par trente entre 2000 et 2010

[5] DIVERSITAS est un programme de recherche international destiné à l'intégration des sciences de la biodiversité pour le bien-être humain. http://www.diversitas-international.org/

[6] dans le texte : "the reduction of biological diversity was the most fundamental question of our time", préface de l'ouvrage de Soule, Michael E. et Wilcox Bruce A. - 1980, Conservation Biology: An Evolutionary-Ecological Approach. Sinauer Associates, Sunderland, Massachusetts.

En guise de conclusion*

Christian Lévêque, Alexandra Liarsou

Bien avant que l'écologie de la conservation et de la restauration des espèces et habitats naturels ne soient d'actualité, les sciences biologiques avaient déjà pour objet d'étude la diversité du vivant. En quelques décennies, cet objet est devenu fédérateur et mobilisateur au point de faire les titres de nombreux ouvrages scientifiques et de vulgarisation, dans des disciplines fort éloignées les unes des autres. Si la définition est, au final, relativement consensuelle, l'emploi du terme diffère selon les acteurs. Le recours au terme de *biodiversité* dans des contextes fort différents renferme avant tout des usages sociaux, des pratiques de recherches, des modes de communication, des tentatives de collaboration ou des conflits, larvés ou déclarés.

Les contributions de cet ouvrage ont tenté de cerner, sous divers angles de vue et par divers exemples ou méthodes, les fonctions de la science dans le processus d'interactions entre les acteurs sociaux travaillant sur la biodiversité, tant dans l'orientation des objectifs à poursuivre que dans l'évaluation de la biodiversité.

Diversité biologique et biodiversité

L'expression *diversité biologique*, souvent confondue avec celle de biodiversité, renvoie à une définition très générale proposée par la Convention sur la diversité biologique (Rio, 1992), Article 2 : « variabilité des organismes vivants de toute origine, y compris, entre autres, les écosystèmes terrestres, marins et autres écosystèmes aquatiques et les complexes écologiques dont ils font partie ; cela comprend la diversité au sein des espèces et entre espèces ainsi que celle des écosystèmes ».

Dans la dernière contribution de cet ouvrage, D. Gramond met en avant une différence entre *biodiversité* et *diversité biologique* ; le premier terme est plus volontiers invoqué dans les textes à portée politique tandis que le second semble préféré par les scientifiques qui conçoivent et catégorisent les niveaux spécifiques, génétiques et fonctionnels du vivant. En effet, la

---

*Les positions exprimées dans cette conclusion sont celles de ses seuls auteurs et n'engagent pas la responsabilité des autres contributeurs de l'ouvrage.

diversité biologique, pour les sciences de la nature, correspond à une réalité : ce sont les différentes formes de vie et tout ce qui concerne leur origine et leur évolution. Cette réalité, ils peuvent la décrire, la disséquer, l'inventorier. Ils peuvent aussi chercher à découvrir l'origine de la vie, les modalités et les causes de l'évolution biologique, et étudier la dynamique de la diversité biologique en réponse aux changements globaux.

Dans le contexte des sciences dites de la conservation, le terme biodiversité introduit une préoccupation concernant le devenir et la protection de la diversité biologique, dans un monde où les activités humaines jouent désormais un rôle majeur sur la dynamique de certains de ses éléments. C'est dans ce contexte que certains parlent de crise de la biodiversité. Cette préoccupation concernant le devenir de la diversité biologique introduit une forte dimension sociale qui relève du rapport homme/nature, et des représentations que l'on s'en fait. Mais il soulève également d'autres problèmes dont des préoccupations de nature éthique dans un monde où la recherche du profit à court terme est devenue une autre forme de valeur.

Si chaque aspect de la biodiversité est assez bien catégorisé en sciences du vivant, quelle que soit la finalité des recherches, le terme n'est pas appréhendé par toutes les sciences humaines et sociales de la même façon, bien qu'il soit devenu un objet apparemment fédérateur. Ainsi, il renvoie à l'étude d'une large gamme d'objets et de phénomènes. Par exemple, il peut s'agir d'examiner l'histoire du vivant et de ses relations avec les hommes, ou d'envisager les approches scientifiques de la biodiversité dans ses aspects sociaux.

Parler de biodiversité, c'est donc s'inscrire délibérément dans un contexte de protection et de conservation de la nature, avec tous les débats afférents. Mais la conception pluri-identitaire de la biodiversité, prenant en compte ses différentes dimensions écologiques, économiques, patrimoniales et émotionnelles, est encore peu popularisée. Or, comme le rappelle D. Gramond (cet ouvrage), les médiations autour des enjeux liés à la biodiversité doivent éviter l'écueil d'une logique verticale, depuis des émetteurs (sphères scientifiques) vers des récepteurs (sphère sociale) et nécessitent la mise en relation de savoirs pluriels pour transmettre ce qui est un produit mixte entre dynamiques biophysiques et socio-culturelles.

Biodiversité : un colosse aux pieds d'argile ?

La part prise par la biodiversité dans les questions d'environnement est devenue majeure. La manière dont la société appréhende la biodiversité et son évolution est donc un élément fondamental d'une politique d'aménagement et de gestion du territoire. Ainsi, dans le cas de la directive européenne sur l'eau, la biodiversité sert à évaluer la qualité des systèmes aquatiques. La convocation de la biodiversité dans les conflits suscités par les projets d'aménagement de l'aéroport de Notre Dame des Landes ou du barrage de Sivens témoigne de l'ampleur des implications économiques et sociales de la préservation de la biodiversité. Quels compromis peuvent être trouvés entre le maintien de la biodiversité et le développement économique ? Voilà une question essentielle qui pourrait motiver une recherche interdisciplinaire et à visée opérationnelle. Poser la question des mesures à prendre concrètement nécessite de renégocier la place de l'homme et de ses activités dans la biodiversité, en étant réalistes et attentifs à ce que les citoyens sont prêts à accepter.

En effet, notre rapport à la biodiversité s'est construit autour d'un discours souvent dramatisant et culpabilisant : l'homme détruit la biodiversité et la survie de l'humanité dépend de sa capacité et de sa détermination à protéger la biodiversité. C'est à ce propos que l'on parle de crise de la biodiversité et de son érosion. Pour les auteurs de cette conclusion, cependant, l'évocation de plus en plus fréquente d'une sixième extinction de masse relève davantage de l'engagement militant que de résultats scientifiquement validés.

La multiplication des alertes concernant les menaces qui pèsent sur la planète crée un climat d'incertitudes et d'inquiétudes, amplifié par les médias, et souvent relayé par des scientifiques et des hommes politiques. Dans un tel contexte de dramatisation, la nature qui était lieu de vie et de plaisir, peut apparaître comme celui de la mort et de l'angoisse.

Sans nier l'impact des activités humaines sur la biodiversité, il convient de discuter le paradigme conservationniste et d'explorer les options possibles entre le « tu domineras la nature » et la mise en réserve intégrale. Certains articles de cet ouvrage rappellent que l'homme peut également contribuer à créer de la biodiversité et que cette dernière est souvent une co-production entre processus spontanés et interventions humaines. La même exigence de pragmatisme doit prévaloir dans ce qu'il convient de protéger. Depuis des millénaires, les hommes savent que la nature et la biodiversité sont aussi une source potentielle de nuisances. Bien que des sommes considérables soient dépensées pour lutter contre les espèces qui dérangent (autrefois qualifiées de nuisibles), ce versant sombre de la biodiversité reste peu abordé, y compris par les sciences sociales.

Ainsi, les représentations de la biodiversité orientent les prises de décision en matière de protection et d'action. Il existe un réel décalage entre les positions adoptées par les milieux conservationnistes et les scientifiques en matière de conservation et l'attente des citoyens dans leur vie de tous les jours. Dans ces conditions, nous craignons que la future loi sur la biodiversité, actuellement en cours de lecture à l'Assemblée nationale et au Sénat, ne s'inscrive dans un paradigme conservationniste et fasse peu de cas de ce que les citoyens sont en mesure d'accepter, au risque d'être une source majeure de conflits.

Le positionnement des scientifiques

Nous avons vu que les chercheurs, en tant qu'individus, en tant que scientifiques et en tant que représentants de leur institution, sont invités à prendre part aux processus de décision en participant à des comités ou des commissions dans lesquels sont également représentés d'autres acteurs du développement. Mais ces scientifiques, en fonction de leur champ disciplinaire et de leur expérience, sont loin d'avoir une vision uniforme des finalités de la conservation du vivant, et ne sont pas toujours au fait des débats de nature politique, économique, sociale, écologique qui sont associés à la crise de biodiversité. Ils divergent également dans la manière de s'insérer ou non dans les organes consultatifs, les réseaux d'usages, de hiérarchies ou de normes et les enjeux de pouvoir.

Les scientifiques dans le jeu institutionnel

Les scientifiques sont fortement impliqués dans les conseils scientifiques concernés par la gestion de la biodiversité qui se sont multipliés au cours des dernières décennies. De manière positive, ces instances, à l'interface entre science et gestion, favorisent les échanges avec les gestionnaires des espaces naturels et les administrations.

Néanmoins le système actuel apparaît au bord de la rupture du fait de l'augmentation continue du nombre de conseils et la réduction des moyens, qui se traduisent par un manque de disponibilité pour traiter des dossiers de plus en plus complexes et une difficulté à renouveler les membres ou à en recruter dans certaines disciplines. La modestie des moyens alloués aboutit dans certains cas à un triple repli : premièrement, un repli sur la mission d'élaboration des avis au détriment de la mission d'accompagnement scientifique et de la mission pédagogique ; deuxièmement, un repli sur un noyau de quelques personnes au détriment de la collégialité ; troisièmement, un repli sur soi de chacun des conseils au détriment des collaborations et d'une mutualisation des expériences qui permettrait pourtant une économie de temps et de moyens.

Quelle est l'incidence concrète du travail effectué dans ce type d'instances et le poids de leur contribution dans l'évolution des stratégies de gestion de la diversité du vivant ? Nous avons déjà dit que pour des raisons notamment théoriques, pratiques et idéologiques, il n'est pas aisé pour le chercheur de proposer des solutions concrètes et applicables pour gérer la biodiversité, de s'insérer dans le réseau décisionnel que constitue la chaîne des acteurs publics s'occupant de biodiversité, ni même de percevoir sa propre efficacité. Parmi les sciences qui s'intéressent à la biodiversité, les sciences de la conservation sont des sciences de l'action. En prenant l'exemple du dossier d'extension de la démoustication à la Camargue préservée jusqu'en 2006, F. Guillet et A. Coreau (cet ouvrage) rappellent que les scientifiques et les autres acteurs impliqués peuvent déployer toute une série de stratégies pour mettre en forme les informations, les porter et les traiter. La contribution vise à éclairer la manière dont l'engagement social des sciences de la conservation est présent et relayé par certains chercheurs. Elle analyse la relation des scientifiques aux acteurs impliqués *de facto* dans la gestion directe de la biodiversité et aux acteurs défendant des intérêts divergents.

La contribution de C. Emprin est également éclairante sur ces divers aspects. L'auteur rappelle que la question de la biodiversité est indissociable de sa protection et qu'elle trouve son origine dans la conception des biologistes de la conservation. Ainsi, la contribution se focalise sur les représentations des chercheurs en sciences de la vie, qui joueraient un rôle majeur dans la constitution de cette réflexion. Elle met clairement en évidence que les opinions sont loin d'être uniformes et que le positionnement à adopter concernant la gestion de la biodiversité fait débat au sein des sciences de la vie. Au-delà de la perception d'un monde académique que l'on se représente volontiers homogène, cette contribution montre la diversité des postures des chercheurs en écologie.

Garant et gardien… ?

Les scientifiques impliqués dans l'élaboration et la mise en œuvre de l'action publique se présentent souvent comme des garants de la rigueur scientifique. Leur positionnement est de fournir aux décideurs publics comme privés les informations qui leur permettent de prendre des décisions en toute connaissance de cause. Cette posture, cohérente avec les pratiques académiques, permet aux scientifiques de trouver une place dans l'arène procédurale des décisions politiques (Guillet et Coreau, cet ouvrage). Mais cette position est parfois délicate, comme le montre l'exemple de la démoustication en Camargue. D'abord gardiens et défenseurs de la biodiversité, la posture des écologues a évolué lorsque la question de la démoustication a été soulevée. Après avoir accepté d'assurer la fiabilité scientifique de l'étude préliminaire sur les effets du Bti, ils ne pouvaient abandonner cette posture de « garant » dès lors que le dossier prit une tournure qu'ils jugeaient défavorable. Ainsi, lorsque la décision politique de poursuivre la démoustication fut prise, bien que les preuves de l'impact négatif de cette pratique sur la biodiversité aient été apportées, ils ont choisi de ne pas suspendre leur participation aux suivis écologiques. Le processus décrit peut donc conduire à la neutralisation des scientifiques de la biodiversité, garants d'une expertise scientifique fiable et rationnelle, mais dont la capacité à influencer les décisions reste limitée. Il est vrai que la participation de ces scientifiques aux instances de décision et leur rôle de garant du bien-fondé des mesures appliquées leur permet de rester dans le jeu et de continuer à agir.

Nous proposons pour notre part une autre analyse de ce jeu. Bien qu'elle soit souvent présentée comme un haut lieu de naturalité, la Camargue est un milieu fortement anthropisé dont le fonctionnement est influencé par des activités économiques (agriculture et salins). Cette biodiversité n'a donc qu'une apparence de naturel et de sauvage, qui bénéficie davantage aux oiseaux qu'à d'autres espèces comme les poissons, le lapin de garenne et les chiroptères cavernicoles. Nous pensons que les scientifiques impliqués se sont alignés sur les positions des grandes ONG de conservation de la nature, particulièrement puissantes en Camargue, et se sont faits leur porte-parole. Ce rapprochement leur a permis de gagner en visibilité médiatique et en financements ce qu'ils ont perdu en rigueur scientifique.

De la nature vierge à la biodiversité « hybride »

L'une des grandes difficultés que soulève le terme biodiversité est sa polysémie, et la quasi-impossibilité de trouver une définition consensuelle au-delà de propos très généraux. Nous l'avons dit, biodiversité est un mot valise, une auberge espagnole où chacun retrouve ce qu'il a apporté. Elle devient donc le terrain de confrontation de différentes visions du monde.

La biodiversité peut s'accommoder du mythe d'une nature vierge, non modifiée par l'homme et considérée comme idéale. Des pionniers américains de la protection de la nature ont développé une idéologie de la « wilderness » ou de la nature vierge et sauvage. C'est une vision romantique et nostalgique de la nature, des grands espaces américains tels qu'ils existaient avant l'arrivée des Européens et leur mise en valeur. En comparaison avec les paysages européens des XVII et XVIIIème siècles, elle devait, sans aucun doute, avoir un aspect plus « sauvage ». Pour certaines ONG pour la plupart d'origine nord-américaine et certains scientifiques, la nature sauvage reste l'objectif universel à atteindre en matière de protection et de restauration des systèmes écologiques dégradés.

Mais nous ne sommes pas en Amérique du Nord. En Europe, ce que nous appelons « nature », ce ne sont pas des milieux vierges, mais des milieux agro-pastoraux ou des forêts qui ont pour la plupart été plantés, façonnés et entretenus par l'homme depuis des millénaires. Nombre d'Européens sont nostalgiques des paysages ruraux d'avant la seconde guerre mondiale. La diversité biologique qu'ils connaissent et apprécient est une diversité biologique « hybride », à l'exemple du milieu rural « traditionnel », produit de l'action conjuguée de la dynamique spontanée de la diversité biologique et de l'agriculture via la transformation et la diversification des habitats pendant des millénaires, ainsi que des nombreuses introductions d'espèces, volontaires ou accidentelles.

A. Dos Santos, auteur de l'article sur la friche industrielle lilloise (cet ouvrage), évoque ainsi des contradictions entre une approche objective et fonctionnaliste de la biodiversité urbaine et une approche où la nature n'est qu'émotionnelle et subjective. L'auteur indique que les deux conceptions – biodiversité fonctionnelle et nature sensible – sont identifiables au sein des groupes qu'il a étudiés et ne les séparent pas. Il attribue ce constat à des représentations et idéologies plus générales, typiques des sociétés industrielles occidentales. La conception de la nature, que ce soit chez les experts professionnels ou les usagers-experts, se constitue sur le modèle de l'ontologie naturaliste tel qu'il a été élaboré par l'anthropologue Philippe Descola dans son ouvrage *Par-delà Nature et Culture* (paru en 2005 aux éditions Gallimard), où nature et culture se définissent par exclusion mutuelle. A. Dos Santos explique qu'en se cantonnant aux dynamiques écologiques et écosystémiques, une dimension essentielle est omise : celle de l'évolution conjointe des sociétés et de leur environnement. L'auteur indique qu'il semble pertinent d'évoquer une pluralité de crises en raison des multiples conceptions de la notion de biodiversité, réalité observable et simultanément construction sociale : en premier lieu une crise de la fonctionnalité écologique, des capacités de reproduction et de la pérennité de la biodiversité, alors entendue dans sa dimension écosystémique, et, en second lieu, une crise des rapports à la nature et des usages sociaux de la biodiversité.

Dans le même ordre d'idée, Ch. Perrein (cet ouvrage) parle à ce propos de biopatrimoine, à l'image du patrimoine bâti, qui est un produit de la co-évolution entre la dynamique spontanée de la diversité biologique, et l'usage des systèmes écologiques par les sociétés humaines. L'auteur considère que l'expression « patrimoine naturel » est contre-productive pour faire avancer les idées aux frontières des sciences biologiques et sociales, excluant l'homme comme facteur et agent de gestion et de conservation du vivant. Le biopatrimoine doit être compris comme une construction sociale à l'interface d'une connaissance naturaliste et d'une communauté d'habitants, à édifier à toutes les échelles géopolitiques, depuis la commune jusqu'aux plus hauts niveaux de gouvernance. Il n'y a pas de biopatrimoine en soi, il est toujours défini dans un espace-temps, par et pour des communautés humaines. Le biopatrimoine est nécessairement une notion anthropologique, à l'évidente dimension éthique, historique et culturelle. En réaffirmant ceci, l'auteur rappelle que les espaces dits de nature, tous comme les parcs protégés ou la biodiversité urbaine, sont un mélange d'activités humaines et biophysiques. L'homme fait partie des processus naturels et, à partir du moment où celui-ci prend des décisions, y compris pour « renaturer », il fait des choix à son échelle, qui ne peuvent être qualifiés d'objectifs.

Dans un tel contexte se pose la question de ce que l'on attend en matière de protection de la nature. De nombreuses mesures dites de protection consistent actuellement à entretenir des activités agricoles traditionnelles favorables au maintien d'espèces adaptées à ce type d'activités. Et les grandes zones humides, à l'exemple de la Camargue, ou du lac Der en Champagne, hauts lieux de naturalité, sont des créations humaines. Les discours relayés par les médias sur l'homme destructeur de la diversité biologique ne doivent pas occulter la contribution positive à la biodiversité que les activités humaines peuvent avoir. Mais il est vrai que les zones d'agriculture intensive n'offrent pas un spectacle très réjouissant, et que des évolutions sont possibles et souhaitables. Préserver la biodiversité, c'est, à nouveau, rechercher en permanence des compromis.

Les capacités prédictives de l'écologie sont surestimées

Une grande ambiguïté en matière de conservation réside dans la surestimation des capacités de l'écologie scientifique à conseiller les gestionnaires. En effet, dans un monde idéal, la gestion de la biodiversité reposerait sur des connaissances scientifiques à partir desquelles seraient fixés des objectifs (les références) servant de base à l'établissement de plans de gestion. Meilleures seraient les connaissances scientifiques et meilleures seraient les recommandations faites aux gestionnaires, selon le discours récurrent des écologues. L'architecture de ce discours cartésien est en réalité sinon fausse, du moins très contestable. La dynamique de la biodiversité est sous la contrainte de facteurs exogènes (climat, température, précipitations, mais aussi conséquences des activités humaines) et de facteurs endogènes (dynamique des populations, parasitisme, etc.), dont certains sont aléatoires ou résultent tout simplement du hasard. La dynamique à moyen et long terme des systèmes écologiques s'inscrit en réalité dans des trajectoires spatiales et temporelles, de telle sorte que le futur est nécessairement différent du passé, comme le rappelle Ch. Lévêque dans son ouvrage *L'écologie est-elle encore scientifique ?*, paru en 2013 aux éditions Quae. Ceci amène à prendre des décisions en situation d'incertitude.

Dans ce contexte, il est difficile de faire des prévisions, car on ne maîtrise ni l'évolution du climat et de ses aléas, ni certains phénomènes tels que les espèces qui se déplacent et se naturalisent (que certains appellent invasives) ou les épidémies. Il nous semble alors difficile de fixer des objectifs quantifiés en matière de biodiversité, au-delà des trois principes fondamentaux mais généraux de la restauration écologique : recréer de l'hétérogénéité, recréer de la variabilité, réduire les pollutions chimiques.

Si l'on est amené à légiférer sur le vivant, il convient de rester modestes car les systèmes écologiques ne sont ni à l'équilibre, ni déterministes. Leur trajectoire est difficilement prédictible. Cette vision dynamique de la biodiversité rend selon nous délicate une démarche normative telle qu'elle se construit actuellement autour des notions de bon état de la Directive cadre sur l'eau ou des textes réglementaires en cours d'élaboration.

Les enjeux et les difficultés de l'interdisciplinarité

Si l'on retient la distinction entre diversité biologique et biodiversité, nous concevons que la première expression relève fondamentalement des sciences de la vie, mais que la biodiversité est un domaine largement partagé par les sciences sociales. Ceci pose d'emblée la question des rapports, de concurrence comme de coopération, entre ces deux domaines scientifiques.

En effet, selon une vision optimiste, la biodiversité peut être le moyen de repousser les frontières entre les sciences et de mettre en pratique l'interdisciplinarité, car les questions soulevées nécessitent une démarche de nature systémique, transcendant les approches le plus souvent sectorielles.

Mais c'est aussi un champ où s'affronte la légitimité des uns et des autres afin de prendre en charge le champ de la biodiversité. Si l'écologie scientifique met en avant sa légitimité historique et revendique le leadership, il est bien évident qu'elle n'a pas compétence en matière de sciences sociales ; quant à ces dernières, elles n'ont encore investi le champ de la biodiversité que timidement, souvent de manière très disciplinaire, et avec des connaissances limitées, voire de grandes lacunes en matière d'écologie.

Pour tenter une véritable collaboration interdisciplinaire et pour étudier des objets transdisciplinaires comme la biodiversité, il faut se risquer, en tant que chercheur, à abandonner ses repères et accepter de se confronter à des méthodes et des approches théoriques nouvelles, susceptibles de déstabiliser, voire de remettre en cause ses paradigmes. L'article sur le biopatrimoine (Perrein, cet ouvrage) met tout particulièrement en relief la difficulté de communication entre des scientifiques des sciences de la nature et un chercheur autodidacte issu des sciences sociales mais s'appuyant sur une recherche écologique. Plus généralement, la science institutionnelle avec ses paradigmes, ses habitudes et ses évaluations normatives, fait peu de place aux approches innovantes. Comme l'écrit l'auteur, « le défaut d'articles dans des revues anglophones de rang A est rédhibitoire » quand il s'agit de soumettre un projet. Cependant, se risquer à la confrontation avec des disciplines dont le chercheur n'est pas spécialiste ne doit pas se faire trop hâtivement. Les savoir-faire, acquis pendant de nombreuses années, ne sont pas facilement interchangeables.

Nous avons souligné la difficile position du scientifique (en sciences humaines ou en sciences du vivant) dont la façon d'envisager sa discipline et la biodiversité est excentrée par rapport aux normes instituées (usages, cultures académiques...). Nous l'avons dit, la biodiversité est un des thèmes qui redéfinit sans cesse, par sa transversalité, la coopération entre scientifiques et gestionnaires, mais aussi le rôle des scientifiques : de quelles problématiques doivent-ils s'occuper, de quelle façon sont-ils concernés, avec quelle finalité ? Les frontières sont inévitablement floutées par ces nouveaux objets, poussant les scientifiques vers des domaines disciplinaires dont ils n'ont pas la maîtrise et des sphères qu'ils n'ont traditionnellement pas à investir (politique, sociale) voire à considérer (idéologies, jugements de valeurs). Le champ éthique et le débat sur les valeurs sont ici, qu'on le veuille ou non, inexorablement liés à toute recherche sur la biodiversité.

Dans les faits, le champ de la biodiversité reste très éclaté et nous sommes bien loin d'une approche multidisciplinaire (voir Gramond, cet ouvrage). Il est possible d'en rechercher les causes dans les méthodes de travail et les habitudes propres aux différentes disciplines, et le poids du disciplinaire dans les systèmes d'évaluation (voir Perrein, cet ouvrage). Nous pouvons ainsi penser que les sciences sociales se caractérisent par une grande diversité d'écoles de pensée aux résultats souvent contrastés, et que leurs écrits sont assez souvent ésotériques pour les non spécialistes. De leur côté, les sciences de la nature sont loin d'avoir un discours transparent sur la biodiversité et sa protection, ce qui ne contribue pas à clarifier le discours vis-à-vis des gestionnaires.

Les auteurs

Delphine GRAMOND
Maître de conférences en géographie physique
UMR 8185 ENeC (Espaces, Nature et Culture)
CNRS/Université Paris-Sorbonne
Institut de Géographie, 191 rue Saint-Jacques - 75005 Paris
delphine.gramond@paris-sorbonne.fr

Isabelle ARPIN
Irstea – UR DTGR
2 rue de la Papeterie BP76
38402 Saint-Martin d'Hères cedex
isabelle.arpin@irstea.fr

Arnaud COSSON
Irstea – UR DTGR
2 rue de la Papeterie BP76
38402 Saint-Martin d'Hères cedex
arnaud.cosson@irstea.fr

Dorothée DENAYER
Doctorante, université de Liège, Département des Sciences et Gestion de l'Environnement, Unité SEED, 185 Avenue de Longwy, 6700 Arlon, Belgique
D.Denayer@ulg.ac.be

Serge MULLER
MNHN – ISYEB, UMR 7205, CP 39, 57 rue Cuvier, 75005 - Paris
serge.muller@mnhn.fr

Clémence EMPRIN
Post-doctorante, Labex ITEM, EDYTEM, Université de Savoie, 27 rue Marcoz, 73000 - Chambéry
clemenvol@gmail.com

Christian PERREIN
Historien
Atlas entomologique régional (Nantes),
3 rue Bertrand-Geslin, 44000 - Nantes
christian.perrein@laposte.net

Fanny GUILLET
Chercheur contractuel au Centre d'Écologie et des Sciences de la Conservation, Muséum national d'Histoire naturelle, 43 rue Cuvier - 75005 Paris
fguillet@mnhn.fr

Audrey COREAU
Chercheur au Centre Alexandre Koyré (EHESS). Enseignante à AgroParisTech, 16 rue Claude Bernard, 75005 – Paris
audrey.coreau@agroparistech.fr

Corinne QUELQUEJEU
Ingénieur Qualité Environnement
EIFFAGE CONSTRUCTION Ile de France Résidentiel et Fonctionnel, 3 rue Ampère, 91140 Igny
UMR CNRS 8591, 191 rue Saint Jacques, 75005 – Paris
corinne.quelquejeu@eiffage.com

Antonio DOS SANTOS
Doctorant en sociologie
Centre Lillois d'Études et de Recherche en Sociologie et en Économie, Université Lille 1, Cité Scientifique, 59650 Villeneuve-d'Ascq
antonio.dos-santos@ed.univ-lille1.fr

Jean-Claude LEFEUVRE
MNHN– Université Rennes 1. EA 7316, bât. 25, avenue du Gal Leclerc, 35042 Rennes
jeanclaudelefeuvre@wanadoo.fr

Table des matières

Environnement, Écologie et Développement aux éditions L'Harmattan

Dernières parutions

PAYS (LES) ACP DANS LE COMMERCE MONDIAL
Foé Aristide
Depuis les années 2000, l'Union européenne négocie avec les pays ACP des Accords de Partenariat Économique (APE) en substitution aux anciens accords de Lomé et de Cotonou. Dans ce cadre, les pays du Sud concernés seraient amenés à ouvrir leurs marchés à la plupart des produits en provenance de l'Union européenne. Selon l'auteur, les pays africains n'ont rien à craindre des accords de partenariat économique. Il implore les gouvernements et autres autorités compétentes d'informer et sensibiliser leurs populations de la nécessité d'une relation nouvelle, gagnant/gagnant, avec les partenaires occidentaux.
(24.00 euros, 238 p.)
ISBN : 978-2-343-04638-9, ISBN EBOOK : 978-2-336-36097-3

UN EXEMPLE DE COOPÉRATION NORD-SUD
Margny-lès-Compiègne et Méhanna (France-Niger)
Hellal Dany - Préface de Jacques Arrignon
Par ce témoignage, l'auteur a souhaité évoquer les jalons d'un échange Nord-Sud, qui pourrait être l'histoire de n'importe quelle commune autre que Margny ou Méhanna, afin de donner à de nouvelles générations l'envie d'entreprendre des échanges et des projets à taille humaine, dans un monde où tout semble difficile. La coopération décentralisée permet de s'enrichir les uns les autres par les différents savoir-faire et fait ici découvrir un continent ou «solidarité» et «sens du bonheur» ont toute leur authenticité.
(10.50 euros, 70 p.)
ISBN : 978-2-343-03967-1, ISBN EBOOK : 978-2-336-36065-2

GUIDE DE L'ACCOMPAGNEMENT DES PORTEURS DE PROJETS D'AUTO-EMPLOI
Rosanvallon André
En Afrique, la crise de l'emploi constitue un défi majeur pour les politiques de développement. Il faut créer massivement des emplois dans le secteur moderne (privé, public ou semi-public) et dans le secteur informel (à condition qu'il s'agisse d'emplois décents). Ces opportunités sont limitées. Il reste alors la création d'emploi par l'auto-emploi au sein d'activités génératrices de revenus. Il convient aujourd'hui de renforcer les dispositifs, d'accompagner les porteurs de projets et de renforcer les compétences de leurs agents.
(Coll. La Librairie des Humanités, 18.00 euros, 174 p.)
ISBN : 978-2-343-00319-1, ISBN EBOOK : 978-2-296-53114-7

TERRES RARES : ENJEU GÉOPOLITIQUE DU XXIe SIÈCLE
Chine, Etats-Unis, Europe, Japon, Groenland
Degeorges Damien - Préface de Per Stig Moller, ancien ministre danois des Affaires étrangères (2001-2010) ; postface de Palle Christiansen, ministre groenlandais de l'Éducation, de la Recherche et de la Coopération nordique
Groupe de métaux aux caractéristiques indispensables pour de nombreuses applications civiles et militaires, les terres rares se retrouvent dans les technologies vertes ainsi que dans les technologies

au coeur de notre société (téléphones portables, écrans plats). Elles revêtent une dimension géopolitique majeure depuis que la Chine, qui contrôle 97% de la production mondiale, a réduit ses exportations. États-Unis, Europe et économies de l'Asie-Pacifique se tournent désormais vers un des principaux eldorados en la matière : le Groenland.
(Coll. Un autre regard / Paris School of Business, 10.50 euros, 78 p.)
ISBN : 978-2-336-00222-4, ISBN EBOOK : 978-2-296-50837-8

DES EXTRÊMES DANS LE MONDE, DE DHAKA À DOHA
Le Quément Joël
Cet essai interpelle sur des réalités économiques et sociales fortement inégales dans le monde, en particulier en Asie et dans le golfe Persique. Le XXIe siècle se caractérise par une forte croissance de la population dans certaines régions du monde et par des flux migratoires puissants. Que dire des tensions nées de ces déséquilibres ? Comment répondre à l'explosion des besoins en alimentation, énergies, infrastructures ? Y a-t-il des formes nouvelles de partage des richesses possibles ?
(14.00 euros, 126 p.)
ISBN : 978-2-336-00313-9, ISBN EBOOK : 978-2-296-50933-7

DIMENSION (LA) SACRIFICIELLE DE LA GUERRE
Essai sur la martyrologie politique
Mashimango Abou-Bar Abelard
Préface de Pascal Hintermeyer
Voici une analyse polémologique fondée sur une approche multidisciplinaire et une culture de la sociologie politique dont les suggestions - comme la ritualisation de la guerre, la martyrologie, les mythes, la question de l'honneur et du prestige, et la dimension sacrificielle des stratégies - conduisent, à la fois, à l'examen exploratoire de la dynamique guerrière et à une réflexion approfondie des conflits armés contemporains.
(Coll. Questions contemporaines, 22.50 euros, 226 p.)
ISBN : 978-2-336-00363-4, ISBN EBOOK : 978-2-296-50824-8

DIMENSIONS OF WAR
Understanding War as a Complex Adaptive System
Solvit Samuel
With today mutable identities and various kinds of warfare, how do we further our understanding of war? Reviewing influential war theories from Machiavelli to the present, this book analyses how they reduce war in terms of time, space, interaction, purpose, aim, and/or evolution. Considering war as a complex adaptive system allows us to increase our overall comprehension of contemporary wars.
(Coll. Diplomacy and Strategy, 15.50 euros, 152 p.)
ISBN : 978-2-296-99721-9, ISBN EBOOK : 978-2-296-50839-2

UN MONDE DE FEU
Réchauffement environnemental et surchauffe sociale
Berger Corinne, Roques Jean-Luc
Les phénomènes de surchauffe environnementaux et sociaux observés de nos jours semblent difficilement maîtrisables. Le monde est plus que jamais en feu. N'existe-t-il pas un certain parallélisme entre réchauffement environnemental et embrasement social ? Pour se protéger, on assiste à un retour au foyer que l'on retrouve dans des dynamiques de ségrégations territoriales. Ces comportements n'attisent-ils pas le feu ? Existe-t-il des solutions ?
(Coll. Sociologies et Environnement, 20.00 euros, 202 p.)
ISBN : 978-2-336-00453-2, ISBN EBOOK : 978-2-296-50940-5

SOLIDARITÉS (LES) À L'ÉPREUVE DES CRISES
Sous la direction de Béatrice Muller, Jean-Claude Barbier, Maryse Bresson
Notre système de protection sociale n'a pas échappé aux réformes engagées en Europe dans le contexte de crise. Il est perçu à la fois comme un rempart à la crise et comme un obstacle à

une reprise économique. Les auteurs tentent donc de comprendre comment ces différentes idées pénètrent les réalités des solidarités publiques et privées.
(Coll. Institut de la Ville et du Développement, 25.00 euros, 246 p.)
ISBN : 978-2-336-00322-1, ISBN EBOOK : 978-2-296-50987-0

ÉVALUATION (L') DES POLITIQUES PUBLIQUES
Défi d'une société en tension
Sous la direction de Gaëlle Baron et Nicolas Matyjasik
L'évaluation des politiques publiques constitue un instrument à disposition des pouvoirs publics pour engager les mutations nécessaires de leur action. Elle doit accompagner et si possible précéder ces évolutions. L'implication des citoyens et la diffusion grand public sont par exemple des réponses aux attentes de participation à la décision publique. L'évaluation doit aussi adapter ses méthodologies et identifier les priorités d'intervention.
(Coll. La Librairie des Humanités, 29.00 euros, 282 p.)
ISBN : 978-2-336-00445-7, ISBN EBOOK : 978-2-296-50864-4

ÉDUQUER À LA BIODIVERSITÉ POUR UN DÉVELOPPEMENT DURABLE
Réflexions et expérimentations
Matagne Patrick
Il était utile d'aborder d'une autre façon ce champ où biodiversité et développement s'entrecroisent dans une perspective pédagogique et expérimentale. Ce livre croise les scènes de la nature avec les scènes de l'homme et de la société. Voici un manuel utile aux étudiants, enseignants, formateurs, chercheurs et éducateurs en environnement et développement durable.
(Coll. Biologie, écologie, agronomie, 13.00 euros, 112 p.)
ISBN : 978-2-296-99354-9, ISBN EBOOK : 978-2-296-50914-6

TERRE (LA), QUESTION VITALE AU XXIe SIÈCLE
Sous la direction de Belkacem Belmekki, Madhu Benoit, Michel Naumann, Joëlle Weeks
Comment l'Inde et l'Afrique ont-elles construit le rapport de l'homme à la terre ? C'est la quête d'une unité perdue et celle d'une possible reconquête de la terre que restitue cette étude. Elle se décline en trois mouvements : mythologies et religions offrent à la réflexion contemporaine un cadre intellectuel, spirituel et écologique. Le récit se clôture sur le thème d'une reconquête vitale qui allie spiritualité et développement durable, économie et écologie, richesse linguistique et patrimoniale.
(Coll. Discours identitaires dans la mondialisation, 23.00 euros, 230 p.)
ISBN : 978-2-336-00120-3, ISBN EBOOK : 978-2-296-50991-7

GENRE, CHANGEMENTS AGRAIRES ET ALIMENTATION
Sous la direction de Christine Verschuur
Cet ouvrage propose de donner matière à réfléchir sur les processus d'appauvrissement des paysannes et paysans. Près d'un milliard de personnes ont faim dans le monde et paradoxalement 70 % d'entre elles font partie de familles paysannes. Les ressources naturelles et techniques sont pourtant suffisantes pour assurer une alimentation correcte de l'humanité. Cet éclairage nouveau prétend contribuer à expliquer les inégalités d'accès à l'alimentation dans le développement rural.
(Coll. Cahier du genre et développement, 47.00 euros, 480 p.)
ISBN : 978-2-296-99303-7, ISBN EBOOK : 978-2-296-50608-4

ÉCOLOGIE ET ÉVOLUTION DU MONDE VIVANT (Volume 1)
Le vie est une transmission d'information
Godron Michel
Comment résoudre les problèmes écologiques mondiaux qui se posent aujourd'hui ? Quels changements de nos mentalités et quelles innovations techniques seront nécessaires ? Ce volume répond à la question «Qu'est-ce que la vie ?» Depuis qu'elle est apparue sur terre, l'évolution des êtres vivants a suivi un «modèle» écologique et cybernétique très général, qui a conduit à la biodiversité actuelle, qui dépend elle-même des climats et des sols.
(Coll. Biologie, écologie, agronomie, 54.50 euros, 612 p.)
ISBN : 978-2-296-55870-0

ÉCOLOGIE ET ÉVOLUTION DU MONDE VIVANT (Volume 2)
L'échelle crée le phénomène
Godron Michel
Comment résoudre les problèmes écologiques mondiaux qui se posent aujourd'hui ? Quels changements de nos mentalités et quelles innovations techniques seront nécessaires ? Ce volume présente l'étude statistique de la répartition écologique des plantes et des animaux à l'échelle biogéographique des continents et des étages de végétation ainsi qu'à l'échelle des communautés végétales et animales et des paysages.
(Coll. Biologie, écologie, agronomie, 38.00 euros, 388 p.)
ISBN : 978-2-296-55871-7

ÉCOLOGIE ET ÉVOLUTION DU MONDE VIVANT (Volume 3)
Les problèmes écologiques actuels
Godron Michel
Comment résoudre les problèmes écologiques mondiaux ? Quels changements de nos mentalités et quelles innovations techniques seront nécessaires ? Ce volume retrace l'arrivée discrète de l'Homme dans la biosphère, amorcée depuis deux millions d'années, et son emprise écologique du Paléolithique à nos jours. Il se termine par l'analyse des problèmes écologiques actuels, qui sont surtout le fruit délétère de notre société de surconsommation.
(Coll. Biologie, écologie, agronomie, 61.00 euros, 750 p.)
ISBN : 978-2-296-55872-4

ÉCONOMIE DE L'ENVIRONNEMENT
Outils de gestion économique de la biodiversité
Ngo Nonga Fidoline
Préface de Jacques Fame Ndongo - Avant-propos de Claude Njomgang
L'érosion de la biodiversité est effrayante. La dégradation des forêts tropicales s'accélère jour après jour, entraînant la disparition de nombreux actifs naturels. D'autres écosystèmes, fortement riches en biodiversité, subissent le même sort, ce qui met en péril les bases de la vie sur terre. Cette forte dégradation de la biodiversité appelle tous les humains à adopter des comportements conservateurs. Ce livre décrypte les principales problématiques de l'économie de l'environnement.
(Coll. Harmattan Cameroun, 31.00 euros, 306 p.)
ISBN : 978-2-296-99058-6

POUR UNE SOCIO-ANTHROPOLOGIE DE L'ENVIRONNEMENT
Par-delà le local et le global (Tome 1)
Sous la direction de Sophie Poirot-Delpech et Laurence Raineau
Il s'agit de questionner une formule souvent associée aux questions écologiques : «penser global, agir local». Les contributions de ce volume abordent les problèmes soulevés par les conflits d'échelle de perception et de définition des questions environnementales. Elles donnent à voir des objets aussi variés que l'énergie, les déchets, les légumes «bio», la ville, l'eau ou les invasions biologiques.
(24.00 euros, 240 p.)
ISBN : 978-2-296-96758-8

REGARDS SUR LA CRISE ÉCOLOGIQUE
Pour une socio-anthropologie de l'environnement (Tome 2)
Sous la direction de Sophie Poirot-Delpech et Laurence Raineau
Ce deuxième volume, en partant de l'étude de réponses locales et chaque fois singulières apportées aux problèmes environnementaux, propose une pluralité d'approches pour comprendre comment se nouent dans chaque cas des questions sociales, économiques, psychologiques ou technoscientifiques distribuées sur différentes échelles d'appréhension.
(Coll. Logiques sociales, série Socio-Anthropo-Logiques, 23.00 euros, 228 p.)
ISBN : 978-2-296-96759-5

L'HARMATTAN ITALIA
Via Degli Artisti 15; 10124 Torino
harmattan.italia@gmail.com

L'HARMATTAN HONGRIE
Könyvesbolt ; Kossuth L. u. 14-16
1053 Budapest

L'HARMATTAN KINSHASA
185, avenue Nyangwe
Commune de Lingwala
Kinshasa, R.D. Congo
(00243) 998697603 ou (00243) 999229662

L'HARMATTAN CONGO
67, av. E. P. Lumumba
Bât. – Congo Pharmacie (Bib. Nat.)
BP2874 Brazzaville
harmattan.congo@yahoo.fr

L'HARMATTAN GUINÉE
Almamya Rue KA 028, en face
du restaurant Le Cèdre
OKB agency BP 3470 Conakry
(00224) 657 20 85 08 / 664 28 91 96
harmattanguinee@yahoo.fr

L'HARMATTAN MALI
Rue 73, Porte 536, Niamakoro,
Cité Unicef, Bamako
Tél. 00 (223) 20205724 / +(223) 76378082
poudiougopaul@yahoo.fr
pp.harmattan@gmail.com

L'HARMATTAN CAMEROUN
BP 11486
Face à la SNI, immeuble Don Bosco
Yaoundé
(00237) 99 76 61 66
harmattancam@yahoo.fr

L'HARMATTAN CÔTE D'IVOIRE
Résidence Karl / cité des arts
Abidjan-Cocody 03 BP 1588 Abidjan 03
(00225) 05 77 87 31
etien_nda@yahoo.fr

L'HARMATTAN BURKINA
Penou Achille Some
Ouagadougou
(+226) 70 26 88 27

L'HARMATTAN SÉNÉGAL
10 VDN en face Mermoz, après le pont de Fann
BP 45034 Dakar Fann
33 825 98 58 / 33 860 9858
senharmattan@gmail.com / senlibraire@gmail.com
www.harmattansenegal.com

L'HARMATTAN BÉNIN
ISOR-BENIN
01 BP 359 COTONOU-RP
Quartier Gbèdjromèdé,
Rue Agbélenco, Lot 1247 I
Tél : 00 229 21 32 53 79
christian_dablaka123@yahoo.fr

657221 - Juin 2016
Achevé d'imprimer par

1livre.com
du rêve à la réalité !

www.ingramcontent.com/pod-product-compliance
Lightning Source LLC
LaVergne TN
LVHW010937061026
849535LV00007B/2445